# 开放
## 科学的未来

中国科协学会服务中心　主编
北京市科学技术研究院　编著

科学技术文献出版社
SCIENTIFIC AND TECHNICAL DOCUMENTATION PRESS

·北京·

**图书在版编目(CIP)数据**

开放：科学的未来 / 中国科协学会服务中心主编；北京市科学技术研究院编著. -- 北京 : 科学技术文献出版社, 2024.9. -- ISBN 978-7-5235-1888-5

Ⅰ. G322

中国国家版本馆 CIP 数据核字第 2024RY3864 号

开放：科学的未来

策划编辑：刘文文　　责任编辑：邱晓春　　责任校对：王瑞瑞　　责任出版：张志平

| | | |
|---|---|---|
| 出　版　者 | 科学技术文献出版社 |
| 地　　　址 | 北京市复兴路15号　邮编 100038 |
| 出　版　部 | （010）58882941，58882087（传真） |
| 发　行　部 | （010）58882868，58882870（传真） |
| 邮　购　部 | （010）58882873 |
| 官方网址 | www.stdp.com.cn |
| 发　行　者 | 科学技术文献出版社发行　全国各地新华书店经销 |
| 印　刷　者 | 北京厚诚则铭印刷科技有限公司 |
| 版　　　次 | 2024年9月第1版　2024年9月第1次印刷 |
| 开　　　本 | 710×1000　1/16 |
| 字　　　数 | 221千 |
| 印　　　张 | 17.25 |
| 书　　　号 | ISBN 978-7-5235-1888-5 |
| 定　　　价 | 68.00元 |

版权所有　违法必究

购买本社图书，凡字迹不清、缺页、倒页、脱页者，本社发行部负责调换

## 丛书策划组

策　　划：刘亚东　王　婷
执　　行：任事平　李肖建　闫　爽　马睿乾　解　锋

## 本书编委会

主　　编：王彦峰　张士运
副 主 编：张彦军　王　强
编委委员：袁汝兵　刘海波　张亦扬　杜　赟

# 前　言

自 17 世纪科学革命以来，人类社会经历了前所未有的快速发展，科学成为了有力推动社会进步、提高生产效率、改善普罗大众物质生活质量的关键力量。然而，随着探索领域的不断扩展，科学自身正在由小作坊式的研究方式向大工程模式转化，科研成本急剧上升，科研人员大规模协作和即时信息沟通的要求越发迫切，科技信息发布渠道的商业化、私有化趋势日益明显，传统的科学研究范式面临着前所未有的压力。在此背景下，开放科学应运而生。开放科学主张科研成果、数据的开放获取，科研方法和基础设施的开放共享，强调科研过程面向社会大众提高透明度，以提升科研成果的社会价值。它是对传统科研范式的一次深刻变革，也是新时代科学发展的必然要求。

2015 年《中共中央关于制定国民经济和社会发展第十三个五年规划的建议》明确提出："实施国家大数据战略，推进数据资源开放共享。"这是我国首次提出推行国家大数据战略，标志着开放科学的理念和实践已经上升为国家战略层面。2021 年 12 月，我国新修订的《中华人民共和国科技进步法》中明确提出"推动开放科学的发展"，从法律层面肯定了开放科学在促进我国科技进步中的重要作用。2022 年，党的二十大报告提出"形成具有全球竞争力的开放创新生态"。这些政策的出台，为开放科学的发展提供了制度支持，明确了科研数据作为国家战略资源的地位。2024

年，党的二十届三中全会提出"开放是中国式现代化的鲜明标识"，全国科技大会提出"奉行互利共赢的开放战略"进一步强调在国际合作中开放能力的重要性。当前，我国正处于以中国式现代化全面推进强国建设、民族复兴伟业的关键时期，开放科学必将赋能新时期中国科学事业的发展，打造引领世界发展的中国模式。

本书聚焦开放科学领域深化研究内容，面向全国学会职能和实际工作需求，为提升公共服务能力提供工作指南和模式参考。本书定位为一部兼具较高可读性与重要参考价值的开放科学科普读物与资料汇编。目标读者主要是一般科研人员和科技社团的管理人员，鉴于他们自身科研工作繁忙，完整阅读一本科普读物存在一定困难。若采用传统形式系统全面地介绍开放科学的定义、内涵、外延等相关知识，难以取得良好宣传效果。故而本书在内容设计上紧密贴合读者需求，以碎片化形式组织内容，从而激发读者对开放科学的兴趣，提高实际阅读量。

本书结构设计采用三段式模式，问题解答部分列举科研人员对开放科学的常见问题，如科研成果开放获取的实施细则、科研合作中的信息共享规范等，针对每个问题提供相对详尽的回答，从科研人员最为关切却又不甚明晰的问题入手，逐步深入，依次展开开放科学的各个领域，介绍相关知识，以此降低本书阅读门槛，发挥循序渐进、引导入门的作用。

词条注解部分是对第一部分常见问题的深入剖析，针对第一部分内容里涉及的专业词汇、概念、理论、机构、科技项目和计划等内容给出详细阐释。这部分既能为第一部分内容提供有力支撑，又可作为独立内容，满足读者碎片化阅读需求，读者随手翻开某一页，即可获取一个词条的简要介绍，花费一两分钟便能了解一个开放科学相关名词的内涵。

政策索引部分收录开放科学发展历程中重要的政策文件、书籍以及各国相关计划方案，读者定位为科研管理人员或从事开放科学研究的人员，他们在撰写论文或相关材料时，能够查阅引用相关科技政策的内容简介，并通过词条配套的网盘链接获取相关政策的原文。

期望本书出版能够增进社会各界对开放科学的理解与支持,激发更多科研人员和科研机构投身开放科学实践。由于编者专业能力有限,书中或许存在疏漏之处,诚望广大读者提出宝贵的意见与建议,携手推动我国开放科学事业蓬勃发展。

# 目 录

## 第一部分 开放科学常见问题

1. 为什么说科学天然具有开放特征? ……………………………… 2
2. 开放科学是如何发展起来的? …………………………………… 3
3. 开放科学有哪些新特点? ………………………………………… 5
4. 推动开放科学对我国有什么现实意义? ………………………… 6
5. 什么是开放科学数据? …………………………………………… 8
6. 科学数据在开放科学新范式中的地位和作用是什么? ………… 9
7. 科技期刊的开放获取模式具有什么优势? ……………………… 10
8. 出版界是否支持开放获取的出版模式? ………………………… 11
9. 学术界有哪些知名的预印本平台? ……………………………… 13
10. 开放科学架构下的科研成果评价有什么变化? ……………… 16
11. 实施开放科学需要哪些基础条件的支持? …………………… 17
12. 国际上有哪些成功的公民科学项目? ………………………… 18
13. 我国在开放科学领域有什么相关政策法规? ………………… 20
14. 我国有哪些开放科学国际合作案例? ………………………… 22
15. 欧美国家在推广开放科学方面实施了哪些政策? …………… 24
16. 软件开源运动是否属于开放科学的范畴? …………………… 26
17. 科技社团在开放科学体系中的作用是什么? ………………… 27
18. 开放科学下的学术交流有哪些新特征? ……………………… 29
19. 国际上就开放科学达成了哪些宣言? …………………………32

# 第二部分 开放科学名词解析

## 一、基础理论

1. 科学学 ·········································· 36
2. 科学范式 ········································ 37
3. 默顿主义范式 ···································· 38
4. 吉姆·格雷与第四范式 ····························· 39
5. 开放科学 ········································ 41
6. 大数据时代 ······································ 42
7. 大科学 ·········································· 44
8. 数字学术 ········································ 45
9. 开放研究 ········································ 47

## 二、开放获取

10. 学术期刊 ······································· 48
11. 《哲学汇刊》杂志 ······························· 48
12. 科学引文索引 ··································· 49
13. 工程索引 ······································· 50
14. 科技会议录索引 ································· 51
15. 数字对象唯一标识符 ····························· 52
16. 开放获取 ······································· 54
17. 开放获取的主要类型 ····························· 55
18. 转换协议 ······································· 57
19. 预印本 ········································· 57
20. 预印本平台 ····································· 58
21. OSF 预印本平台 ································· 59
22. 社会科学研究网 ································· 61

23. 爱思唯尔开放获取·································································62
24. 开放获取知识库登记名录·················································63
25. 开放获取知识库目录·························································64
26. 中国"开放科学计划"·························································65
27. Wellcome Open Research 开放获取平台·······················66
28. 韩国学术出版物开放平台·················································68
29. 德国汉堡开放科学平台·····················································69
30. 爱丁堡大学开放教育资源平台·········································69
31. 中国科技期刊卓越行动计划·············································71
32. 中国科学院 GoOA 平台····················································71
33. 中国科学院科技论文预发布平台·····································73
34. 国家科技期刊开放平台·····················································74
35. 科学出版社 SciEngine 平台···············································75
36. 高教社 Frontiers 平台·······················································76
37. 中国开放获取推介周·························································77
38. 全球开放获取门户·····························································78

## 三、开放数据

39. 科学数据·····························································································80
40. 科学数据汇交·····················································································81
41. 科学数据标准体系·············································································82
42. 元数据·································································································83
43. 开放数据 FAIR 原则···········································································83
44. 数据密集型科研范式·········································································85
45. 科学数据中心·····················································································85
46. 国家基础学科公共科学数据中心·····················································87
47. 国家空间科学数据中心·····································································88

48. 国家青藏高原科学数据中心 ·················· 89
49. 科学数据银行 ·················· 90
50. 美国"数据管理计划" ·················· 92
51. 美国 ENIGMA 平台 ·················· 92
52. 欧盟"开放政府数据"运动 ·················· 93
53. 爱尔兰"开放政府数据"行动计划 ·················· 94
54. 默认开放原则 ·················· 95
55. 数据鸿沟 ·················· 97
56. 数据隐私保护 ·················· 97
57. 数据安全 ·················· 98
58. 数据泄露 ·················· 99
59. 数据论文出版 ·················· 100
60. 论文关联数据 ·················· 101
61. 数据可用性声明 ·················· 102
62. *Scientific Data* 杂志 ·················· 103
63. 《中国科学数据》杂志 ·················· 104
64. 科学数据仓储注册系统 ·················· 105
65. Zenodo 数据分享平台 ·················· 106
66. 美国校际社会科学数据共享联盟存储库 ·················· 107
67. Figshare 数据共享平台 ·················· 108
68. 哈佛大学社会科学数据库 ·················· 110
69. 透明开放准则 ·················· 111

## 四、开放基础设施

70. 国家自然科学基金基础研究知识库 ·················· 112
71. 中国科学院机构知识库网格 ·················· 113
72. 中国科学院数据云 ·················· 114

73. 中国空间站的国际开放合作 ……………………………………… 115
74. "中国天眼"的开放共享 …………………………………………… 116
75. 重大科研基础设施和大型科研仪器国家网络管理平台 ………… 118
76. 欧盟开放获取基础设施项目 Open AIRE ……………………… 119
77. 开放研究欧洲 ……………………………………………………… 120
78. 全球研究数据基础设施项目 ……………………………………… 121
79. 研究数据基础设施国际协作项目 ………………………………… 123
80. 欧洲光子和中子数据开放基础设施项目 ………………………… 124
81. 地球数据观测网络项目 …………………………………………… 125
82. 社会科学与经济创新的开放数据基础设施框架 ………………… 126

## 五、开放学术评价

83. 同行评议 …………………………………………………………… 128
84. 开放式评价 ………………………………………………………… 129
85. 开放式同行评议 …………………………………………………… 131
86. 替代计量评价 ……………………………………………………… 132
87. 影响因子 …………………………………………………………… 133
88. 开放科学监控器 …………………………………………………… 135
89. 盖茨开放研究平台 ………………………………………………… 136
90. Publons 平台 ……………………………………………………… 138
91. PRC 出版模式 ……………………………………………………… 140
92. 欧盟"开放科学职业评估矩阵" …………………………………… 141
93. Faculty of 1000 …………………………………………………… 142
94. 新一代期刊评价指标 ……………………………………………… 143

## 六、开源软件

95. 开源技术模式 ……………………………………………………… 145

96. 开源软件 ·············································· 146

97. 开源代码运动 ········································ 147

98. GitHub ············································· 149

99. OpenStack 云平台 ··································· 150

## 七、重大开放科学项目

100. Dryad 数字资源库 ·································· 152

101. 欧盟"第七框架计划" ······························· 153

102. 欧盟"地平线 2020"计划 ···························· 154

103. 欧洲开放科学云计划 ································ 155

104. 欧洲开放获取"S 计划" ····························· 156

105. 欧洲人文社科领域开放基础设施项目 ·················· 157

106. 科技部"科学数据共享工程" ························· 158

107. 中国科学院"科技数据资源整合与共享工程" ··········· 159

108. 科学数据银行 ······································ 160

109. 国家地球系统科学数据中心 ·························· 160

110. ISTIC-SN 开放科学联合实验室 ······················· 161

111. 中国科技云 ········································ 162

112. 美国国家科学基金会的开放知识网络 ·················· 163

113. 欧盟 OSPP 专家咨询项目 ····························· 164

114. 国际大科学计划和大科学工程 ························ 165

115. 人类基因组计划 ···································· 166

116. 国际热核聚变实验堆计划 ···························· 167

## 八、开放学术交流

117. 学术交流 ·········································· 169

118. 科技社团 ·········································· 170

119. 普赖斯曲线 ··················································· 172
120. 国际科学理事会 ············································· 173
121. 美国化学会 ··················································· 175
122. 美国电气与电子工程师协会 ······························ 176
123. 中国科学技术信息研究所 ·································· 178
124. 中国图象图形学学会 ······································· 179
125. 世界机器人大会 ············································· 180
126. 中关村论坛 ··················································· 180
127. 中国科协年会 ················································ 182
128. 非洲出版商网络 ············································· 183
129. 非洲期刊在线 ················································ 185
130. 开放奖学金行动 ············································· 186

## 九、开放科学相关组织机构

131. 经济合作与发展组织 ······································· 188
132. 国际数据委员会 ············································· 189
133. 国际科技与医学出版商协会 ······························ 190
134. 世界数据系统 ················································ 192
135. 欧洲科学基金会 ············································· 193
136. 阿拉伯科学和技术基金会 ································· 195
137. 学术出版与学术资源联盟 ································· 196
138. 国际图书馆协会和机构联合会 ··························· 197
139. 开放研究资助者小组 ······································· 199
140. 开放存取学术出版协会 ···································· 200
141. 开放获取知识库联盟 ······································· 202
142. 高能物理开放获取出版资助联盟 ························ 203
143. 美国图书馆协会 ············································· 205

144. 美国国家科学基金会 ………………………………… 206
145. GO FAIR 组织 ………………………………………… 208

## 十、公民科学

146. 公民科学 ………………………………………………… 210
147. 星系动物园 ……………………………………………… 211
148. Zooniverse 平台 ………………………………………… 212
149. 公民科学全球伙伴关系 ………………………………… 213
150. Foldit …………………………………………………… 215
151. 中国自然标本馆 ………………………………………… 216
152. 中国观鸟记录中心 ……………………………………… 217
153. 公众超新星搜寻项目 …………………………………… 218
154. 开放科学慕课 …………………………………………… 219

# 第三部分　开放科学政策解析

1. 关于科学和利用科学知识的宣言 ………………………… 224
2. 布达佩斯开放获取倡议 ……………………………………… 225
3. 贝塞斯达开放获取出版声明 ………………………………… 227
4. 关于科学和人文知识开放获取的柏林宣言 ………………… 228
5. 关于公共资助的科研数据获取的指导方针和原则 ………… 230
6. 让开放科学成为现实 ………………………………………… 231
7. 开放科学：赋能数字时代的科学发现 ……………………… 233
8. 面向 21 世纪的开放科学 …………………………………… 234
9. 联合国教科文组织开放科学建议书 ………………………… 235
10. 阿姆斯特丹开放科学行动倡议 ……………………………… 236
11. 开放科学和文献多样性朱西厄宣言 ………………………… 238

12. OA2020 倡议…………………………………………………………240
13. 开放数据宪章……………………………………………………241
14. 科研数据北京宣言………………………………………………242
15. 科学：无尽的前沿………………………………………………244
16. LIBER 开放科学路线图…………………………………………245
17. 中华人民共和国数据安全法……………………………………248
18. 国家科技资源共享服务平台管理办法…………………………249
19. 科学数据管理办法………………………………………………251
20. 国家重大科研基础设施和大型科研仪器开放共享管理办法…………252
21. 关于构建数据基础制度更好发挥数据要素作用的意见…………254
22. 科学技术研究档案管理规定……………………………………255

# 第一部分
## 开放科学常见问题

# 1. 为什么说科学天然具有开放特征?

科学研究是人类对自然、社会和思维的一种探索活动。科学与技术不同之处在于,科学研究的根本目的是满足人类对于外部和内部世界的好奇心和求知欲,而非直接追求经济利益。科学的开放特征天然根植于科学的核心原则和实践方式,反映了科学的本质和目标。

科学之所以天然具有开放特性,主要体现在以下几个方面。

首先,开放是知识积累和进步的必要条件。科学的目标在于不断推进知识的发展,解决问题,探索未知。鉴于个体的能力与生命相对无限广阔的世界而言极为有限,个人科学探索的成果必须汇入全人类的知识库中,通过不断的积累,才能发挥最大效用。这一特性使得科学研究成果在人类文明中开放共享成为一种必然。通过开放分享研究成果、数据和方法,知识得以更广泛地传播和积累,推动整个科学领域的持续发展。

其次,开放是科研成果评价和验证的必然要求。在现有的科研体系中,同行评议和独立验证是科学研究成果和研究方法获得广泛认可的关键。科研人员必须通过公开发表研究成果,接受同行评议和科学社群的检验。这种公开透明的机制不仅提升了研究的可信度,也使得科学家能够从同行的反馈中学习和进步。

再次,开放是科研合作的必要条件。解决复杂的科学问题往往需要多方面的合作和跨学科的研究。开放科学鼓励科研人员打破机构和国界的限制,共同合作应对共同的挑战。开放共享数据、工具和资源使得合作更加顺畅,有助于形成更具创新性和综合性的解决方案。

最后,开放是科学研究社会责任的体现。科学不仅是追求知识的活动,更是服务于社会、改善人类生活的工具。通过开放科学研究成果,科学家们能够切实履行其承担的社会责任,向公众普及科学知识,提升社会科学素养和文明水平,激励更多人投身科学的事业,推动社会的进步。

综上所述，科学之所以天然具有开放特性，既源于对知识推进的内在需求，也源于对科学方法透明性和合作性的追求。然而，这种特质并非在科学诞生之初就得到广泛认同，而是一个随着科学的发展和成熟，逐步显现并不断强化的过程。

## 2. 开放科学是如何发展起来的？

开放科学是科学开放特质发展的一种高级形式，兴起于20世纪末至21世纪初，但其思想理念、组织基础却可以追溯到更早以前。其发展历程大致经历了3个阶段。

（1）萌芽阶段

14世纪之前，科学家群体由贵族、神职人员或统治阶层构成，科研活动很大程度上属于相对"私密"的个人爱好，科研经费多由学者个人承担或设法筹措，因此科学家既没有责任也没有义务对社会公开自己的发现。另外，社会上对于科学活动的接受度也不是很高，对科学发现并没有强烈的需求。我们现在讨论的"开放科学"，仅在医学、博物学等少数领域以萌芽状态存在，并缓慢发展。

14世纪中叶到16世纪初，文艺复兴运动席卷欧洲。人们的思想从神学的禁锢中解脱出来，对自然界新知识的需求的强烈程度达到前所未有的水平。资本的积累和生产力的快速发展，导致整个社会对科学技术知识的需求日渐增长，科学技术研究活动进入了一个蓬勃发展时期。科学知识之前的"私密"研究范式已经不能满足社会发展的需求，历史强烈要求有新的科学范式出现。

17世纪初到17世纪60年代，科学持续发展，科学家们必须相互共享资源、集体协作，才能在更深层次探索自然的本源，这一需求推动了开放科学思想的产生。1620年，英国哲学家、思想家和科学家弗朗西斯·培根在《新工具》一书中，提出了归纳的研究方法。该方法是以大量翔实可靠的科学数据为基础，通过对数据进行系统化分析与综合，归纳出内在的规律。实验数据的收集工作烦琐而艰巨，具有较强的专业性，通常需要多名科研人员分工协作才能完成。在数据收集者之间，以及数据收集者和数据研究者之间，都需要进行科学数据的分享，这极大地促进了开放科学思想的发展。

(2) 缓慢发展阶段

17世纪60年代到20世纪末期是开放科学缓慢发展阶段。这一时期出现的学术团体和学术期刊，促进了科学研究的发展和科学知识的传播交流。1665年3月6日英国皇家学会在伦敦创办了世界上第一份科技学术期刊《哲学汇刊》（*Philosophical Transactions of the Royal Society*）。学术期刊作为时效性较高的科学出版物，具备4种基本功能，即登记、评估、传递、存档。科研人员通过查询学术期刊，获取其前任和同行的知识和见解。科学的进步加速了世界范围内信息和人员的流动，大范围的合作成为可能，由此又反过来促使科学必须进一步增大开放力度，以适应时代的发展。周而复始，相辅相成。

第二次世界大战后，科学研究合作现象越来越普遍，合作层次越来越深入，交流方式越来越多样，全球科学界的工作模式发生了较大变化，为开放科学运动奠定了基础。1945年7月，美国学者范内瓦·布什撰写了名为《科学：无尽的前沿》的报告。该报告直接促成了美国国家科学基金会（National Science Foundation，NSF）的创立，公共资助的研究在全世界范围内发展起来。随着研究资金数量不断增加和时代发展，世界各国都逐步开始制定推动科学开放的国家政策和行动计划。

(3) 快速发展阶段

20世纪末至今，信息革命席卷全球，整个人类社会以前所未有的速度快速发展，科学研究活动对人类的影响不断增加。开放科学蓬勃发展，成为一场变革科学实践的运动，以适应信息时代科学发展的需求。这场运动得到了各个国家政府的支持，以及科研机构、出版商及科研人员的热切关注。开放数据、开放教育资源等相关项目的实践，加快开放科学的前进步伐，相关的政策法规推动开放科学运动的有序发展。

1999 年教科文组织/国际科学联合会《关于科学和利用科学知识的宣言》和《科学议程》、2002 年《布达佩斯开放获取倡议》、2003 年《贝塞斯达开放获取出版声明》、2003 年《关于科学和人文知识开放获取的柏林宣言》等一系列国际宣言为标志，开放科学进入了快速发展阶段。

## 3. 开放科学有哪些新特点？

开放科学作为一种新兴的科学研究范式，与传统科学研究模式相比，具有以下新特点。

（1）开放性

开放科学的核心理念是自由、开放、合作、共享，遵循 FAIR 原则，即可发现、可获取、可操作和可重复使用。开放科学的最终目标之一是让社会各阶层的人，不论是专业研究人员，还是业余科技爱好者，都可以接触科学研究、资料及相关传播访问。

（2）双向性

社会大众可以直接或间接了解和参与科学研究过程，专业科研人员或研究机构开放各种科学数据和科研成果，实现科学研究内容、过程与基础设施的高度开放。

（3）社会化

开放科学开启了公民科学时代。开放科学鼓励非科学专业人士参与科学研究过程，从而使那些传统上被拒于科学领域之外的普通大众逐步成为科学研究的重要参与者。

（4）共享合作

开放科学可以帮助研究者或研究机构获取他人灵感与智慧，提升研究效率，同时获得公众的认同和提高其学术影响力，使研究者的自我兴趣和行为可以转化为共同的利益，从而获得开放共享的原动力。

（5）高质量和完整性

开放科学尊重学术自由和人权，支持高质量的研究，汇集多种知识来源，广泛提供研究方法和成果，以供严格审查及透明的评价过程。

（6）注重集体利益

科学属于人类，造福人类。科学知识应得到普遍分享。科学实践应具有包容性、可持续性和公平性。

（7）公平和公正

开放科学确保发达国家和发展中国家的研究人员之间的公平，使科学投入和产出能够公平地相互分享，平等获得科学知识。

（8）高度的多样性和包容性

开放科学包含多种知识、做法、工作流程、语言、研究产出和研究主题，以支持整个科学界、其他研究界和学者，以及传统学界以外的广大公众和知识持有者满足认知的多元化需求。

## 4. 推动开放科学对我国有什么现实意义？

在《中华人民共和国国民经济和社会发展第十四个五年规划和2035年远景目标纲要》中提出，要立足新发展阶段、贯彻新发展理念、构建新发展格局，推动高质量发展，以此作为国家科技发展的战略导向。由此要求我国的科技体系，要积极促进科技开放合作，实施更加开放包容、互惠共享的国际科技合作战略。

我国科学发展已经跻身于世界前列，倡导并推动开放科学，有利于规避西方国家优势壁垒，建立国际科学新格局，符合习近平总书记提倡的"共商共建共享"全球治理理念和构建人类命运共同体的倡议，有利于实施更大范围、更宽领域、更深层次的对外开放，推动构建人类命运共同体。因而，从全局的层面看，推动开放科学是建设创新型国家和科技强国现实需求。

(1) 从新发展阶段角度

我国科技整体水平大幅提升,一些重要领域已跻身世界先进行列,某些领域正由跟跑向并跑、领跑转变。开放科学作为一种科学实践,逐渐成为全球科技发展的重要趋势之一。科学沿着由私密到公开,由封闭到开放的路径发展,开放科学是科学发展新阶段。欧美各国已于 21 世纪初开始布局开放科学,在开放科学尚未在国际形成统一共识的现阶段,中国发展开放科学时不我待。

(2) 从新发展理念角度

开放科学理念符合习总书记共同构建人类命运共同体的时代命题。开放科学的核心理念是自由、开放、合作、共享,符合习近平主席提倡的"共商共建共享"全球治理理念和人类命运共同体理念,符合中国在国际舞台上一贯强调的平等、开放、互利的理念。

(3) 从构建新发展格局角度

西方科技强国科学数据积淀深厚,掌握科学成果评价等领域的话语权。开放科学有利于规避西方国家的优势壁垒,建立国际科学新格局,助力中华民族伟大复兴在科学领域弯道超车。参与开放科学规则制定是中国国际科技话语权的具体表现,世界科技新格局需要中国方案,中国作为科技大国,参与国际规则制定是应有之义。

(4) 从推动高质量发展的角度

探索开放科学新范式是国家实现开放创新和经济社会高质量发展的现实需求。建设创新型国家和科技强国需要更强大的科技实力和科学文化支撑,需要更先进的科学范式,需要全社会良好的科学素质作基础。科研高质量发展是一种有利于支撑社会经济高质量发展的科研发展状态,它对社会经济的科技支撑力主要体现其对经济、文化、体制等一系列的社会存在的总体高质量发展的引领作用、先导作用和促进作用。

## 5. 什么是开放科学数据？

科学数据是指在科技活动中获得的数据，或者通过其他方式所获取，可用于科技研究的数据，科学数据包括原始数据和加工整理后的数据，具有反映客观世界的本质、特征、变化规律等特点。科学技术的发展不断产生海量的科学数据，科学数据积累又是科研活动不断发展的重要基础，并逐渐成为科技创新、经济发展和国家安全的重要战略资源，和政府部门制定政策、进行科学决策的重要依据。信息时代中，网络技术的发展强化了科学数据可传递、可增值、可共享的特点，成为当下最重要的学术资源，并显示出逐渐替代科技文献的趋势。

开放知识基金会（OKF）为数据开放性给出的定义：内容或数据是开放的，可以免费使用、重用，并重新发布，大多数仅要求以署名相同方式共享协议再分发。维基百科为开放数据给出的定义：开放数据是指数据应该免费提供给任何人，以便他们按照自己的意愿自由地访问、使用、修改和再发布，而不受版权、专利权或其他控制机制的限制和约束。开放数据运动与其他的一些开放运动有类似的目标和宗旨，如开源、开放内容及开放获取运动。欧洲研究型大学联盟（LERU）认为，开放科学数据是开放知识的一部分，开放知识可以是任何类型的信息，如基因信息、地理信息、统计信息等，可以被自由使用、重复使用和重新发布。美国白宫科技政策办公室定义了开放数据的范围，包括科学界普遍接受的数字记录的事实材料、需要验证的研究成果，以及支持学术论文而使用的数据集。

综合上述定义，笔者认为，开放数据是一类来源清晰，质量可靠，有学术价值，在较大的科研群体中，依据广泛认可的开放协议，正式发布的科学数据。开放数据是开放科学的关键组成部分。开放数据对促进开放科学的发展，增强科技创新活动的透明度、可重复性和协作性，推动科学和社会发展,均有至关重要的作用。开放数据相关研究是目前非常活跃的领域，涵盖了政策、标准、质量控制、数据安全、数据重用等方面，在实践方面，许多国家和地区已出台相关法律和政策，推动和促进开放科学数据的发展。

## 6. 科学数据在开放科学新范式中的地位和作用是什么？

随着互联网、大数据、人工智能等信息技术的发展，科研数据逐渐成为科学研究的重要资源和基础条件，对科学发展的重要性日趋凸显。纯粹的数据生产者和数据使用者的分工也初见端倪。1990年启动的人类基因组计划，用11年时间完成了人体2.5万个基因30亿个碱基对的测序工作，在此基础上发展出的各种组学，其产出即以数据为主要形式。科学数据作为一种成果形式的理念逐渐成为共识。随着现代科研仪器的飞速发展，科研数据的产生速度也随之增长，我国2016年落成（2020年1月正式投入使用）的FAST天文望远镜每秒采集的数据量最高可达38 GB，每年新增数据量可达到10 PB；欧洲大型强子对撞机（Large Hadron Collider，LHC）每秒产生的数据量为1 GB。

开放科学提倡建立在数字化技术和新型协作工具上的协作型研究，科研范式发生颠覆式改变，整个科研生命周期发生结构性调整，对经济社会发展产生重大影响。人类科学历经实验科学的第一范式、归纳总结的第二范式，正处于仿真模拟的第三范式，基于大数据研究的第四范式已显示出巨大的发展潜力。维克托·迈尔－舍恩伯格（Viktor Mayer-Schönberger）的《大数据时代》（*Big Data: A Revolution That Will Transform How We Live, Work, and Think*）中提出，大数据时代最大的转变，就是放弃对因果关系的渴求，取而代之关注相关关系。科学数据的积累和交流是第四范式到来的前提和要求，重要性日益彰显。

科研数据的体量巨大，与论文、专著、专利、植物新品种、新药证书等传统意义上的科研成果相比，科研数据是科研活动的第一成果形式。科学数据由科研人员在研究活动中使用各类科研仪器产生的原始记录，以及在此基础上产生的各种分析计算结果，具体类型包括数字、文本、图像、音视频、各类生物序列等。

以往的科研范式中，科研人员之间的信息交流通常以成果为主要内容，科研数据一般仅作为科研诚信的证据使用，不直接用于交流。这种研究范式和行为习惯在一定程度上阻隔了科研数据的流动，甚至导致大量未形成显著研究成果的科研数据被闲置和丢失，科研数据的成果属性被忽视。确立科研数据在科研成果体系中的地位，势在必行。

## 7. 科技期刊的开放获取模式具有什么优势？

开放获取和出版的对象，专指具有商业版权的科学出版物，包括期刊文章、研究报告、会议论文、书籍和相关科学音像制品。这些成果传统上需要付费使用，通过开放获取模式，可以在某些公开许可协议框架下，用于专业人员之间的数据交流或面向公众的宣传。按照适当的标准或协议，将开放出版物存放在一个在线储存数据库中，由学术机构、学术社会、政府机构或其他专门从事共同利益的公认非营利组织支持和维护，实现开放获取、无限制分发、可互操作，以及长期存档。

开放获取出版是一种出版模式和学术交流模式的变革，目标是与出版商协商以某种形式把科研论文公开出来，又不收取高额费用。让科学家群体能够自由获取科研成果。开放获取出版是整个开放科学产生的起点，也是当前国际和国内开放科学的主要工作内容。

相较传统出版模式，开放获取模式呈现以下主要优势。

（1）促进知识传播和普及

开放获取模式消除了公众获取文章与知识的经济障碍，便于研究成果在更广泛的范围传播，消除了读者因无法支付高昂订阅费用而无法获取最新研究的障碍，有利于推动科学知识的交流和普及。这种优势对于科研经费投入不足的发展中国家更为显著。

(2) 提高科研人员学术影响力

开放获取可以让更多的研究人员、学者和其他相关人员访问和引用论文，从而提高论文的引用率和影响力。多项研究表明，以开放获取模式出版的科研论文，其引用率明显高于传统模式下出版的科研论文，从而有可能提高作者的研究影响力和知名度。

(3) 促进学术创新和发展

开放获取期刊和平台为研究人员提供了更多的学术资源和研究成果，同时提升了知识传递效率，有利于促进学术创新和学科发展。开放获取出版能够提升研究成果传播的时效性，减少了信息获取的时间延迟，特别是在医学、公共卫生和紧急科研领域，优势尤为突出。

(4) 提升科研活动的透明度

开放获取文章比非开放获取文章更容易被发现、引用和讨论，因此可以吸引包括政府决策者、教育者，以及公众在内的更广泛读者的关注，增强了研究成果透明度和社会影响力。

(5) 更利于科研国际合作与共同进步

开放获取模式促进了不同研究团队间的合作，有利于跨学科和跨国界的科研交流。新型冠状病毒感染疫情期间，为了集中全球科研力量共同抗疫，各大学术出版商决定将所有涉及新型冠状病毒感染疫情的研究论文都设定为开放获取，让全球科学家及时共享科学成果，从而有力地加速了疫情相关病毒学、医学、免疫学、公共卫生等研究成果的出现和突破。对发展中国家的研究者和机构而言，开放获取有效缩小了与发达国家间的信息差距，促进了全球科研水平的整体提升。

## 8. 出版界是否支持开放获取的出版模式？

目前国际上的大型科技出版集团对开放出版模式普遍都持欢迎的态度，多数已经支持兼容开放出版的混合出版模式，以适应不同作者的需求。国际科技与医学出版商协会（International Association of Scientific, Technical and Medical Publishers，STM）出版的开放科学白皮书中指出：STM的出版者已经广泛参与到开放科学的诸多活动中，包括开放获取、开放数据、研究计量指标、公众科学科研诚信等。

国内外许多出版商正在采取具体措施支持开放获取出版模式，以响应学术界对促进知识共享和科研透明度的需求。主要有以下方面。

(1) 创立开放获取期刊

很多出版商推出了开放获取期刊，允许读者免费阅读和下载其中的文章。DOAJ（Directory of Open Access Journals）收录了超过18 000种开放获取期刊，这些期刊的文章可供所有人免费获取。

(2) 签订转换协议

出版商与研究机构之间达成了转换协议，比如开放获取2020计划（Open Access 2020 Initiative，简称OA2020）和S联盟支持的变革性转换协议。在这些协议下，原本用于订阅期刊的费用被用来支付出版商提供开放获取出版服务的费用，从而实现出版物的开放获取。

(3) 在传统期刊中增加开放获取模式

某些出版商可能会实行"混合模式"，允许作者选择是否将其作品设为开放获取，或者提供"绿色开放获取"选项，允许作者在一定的延迟期后在个人或机构网站上存档其作品。例如，施普林格·自然（Springer Nature）集团2020年宣布从次年1月起，*Nature*及*Nature*研究系列期刊投稿时，都可以选择以金色开放获取形式发表。作者或其所在机构支付文章处理费后，文章一经发表，即可被所有人自由和永久地访问，作者或其所在机构将保留文章的版权。

(4) 提供资金支持

一些出版商设立了开放获取基金，减免作者承担的文章处理费，特别是对于那些来自资源有限的国家和机构的作者。例如，2020年12月，爱思唯尔（Elsevier）宣布Cell Press的期刊为作者提供开放获取选项。Cell

Press 承诺将免 Research-Life 计划中所有 69 个 A 组国家的开放获取文章处理费，并将其余 57 个 B 组国家的文章处理费降低 50%。

(5) 签署开放获取倡议

出版商参与各种开放获取倡议，如"S 计划"，这是一个由欧洲研究资助者和科学组织组成的联盟，旨在推动开放获取出版模式。虽然出版商在实施 S 计划时面临一些挑战，如限制学术自由的观点，但他们仍在努力适应这些变化，以支持开放获取。

(6) 开发开放获取图书等其他开放获取产品

例如，开放获取图书网络（open access books network）组织的全球论坛讨论了如何实现专著图书的全面立即开放获取，并探讨了相关的政策和商业模式。

(7) 成立开放获取专属出版商

近 20 年来，在国际上诞生了一批以开放期刊为主要业务模式的新型出版集团。其中典型代表包括：Public Library of Science（PLoS），一个以开放获取为基础的科学出版社，涵盖生命科学、医学和其他相关领域的期刊；BioMed Central（BMC），一家专注于生命科学领域的开放获取出版社；Frontiers，一家提供开放获取期刊的出版社，涵盖多个学科领域，包括生命科学、医学、工程等；Hindawi，一家覆盖多个学科的学术出版社，包括医学、物理学、化学等。

## 9. 学术界有哪些知名的预印本平台？

目前，预印本和基于预印本平台的学术交流得到科学界高度关注，各种"Xiv"层出不穷。当前，在物理、数学、生物、医学、化学等传统学科领域都已经有了很成熟的预印本发布平台，如 arXiv、bioRxiv、medRxiv、ChemRxiv 等，其他科学领域在开放科学环境大背景下，也开始有相应的论文预发布平台出现。这些平台为科研人员提供了一个在正式发表前公开和分享研究成果的场所，有助于加速科学信息的传播和讨论。以下是一些全球范围内颇具影响力的预印本平台。

(1) arXiv

网址：https://arxiv.org/

arXiv 成立于 1991 年，是最早的预印本服务器之一，由康奈尔大学图书馆管理，主要面向物理学、数学、计算机科学、定量生物学、定量金融、统计学等领域。arXiv 的影响力巨大，尤其在物理学和数学领域几乎是必需的学术交流平台。

(2) bioRxiv

网址：https://www.biorxiv.org/

bioRxiv 于 2013 年上线，专为生命科学领域的研究人员提供预印本服务，涵盖分子生物学、细胞生物学、神经科学、遗传学、生态学等诸多子领域。

(3) medRxiv

网址：https://www.medrxiv.org/

medRxiv 由冷泉港实验室（CSHL）和耶鲁大学（Yale University）合作推出，是专门针对医学和健康科学领域的预印本服务器。

(4) ChemRxiv

网址：https://chemrxiv.org/

ChemRxiv 由美国化学学会（ACS）、德国柏林 Springer Nature、英国皇家化学学会（RSC）及美国化学文摘社（CAS）共同创建，服务于化学领域的预印本发布。

(5) Social Science Research Network（SSRN）

网址：https://www.elsevier.cn/products/ssrn-preprint-services/

SSRN 是社会科学领域重要的预印本平台，涵盖了经济学、法学、管理学、教育学等多个学科方向。

（6）PsyArXiv

网址：https://psyarxiv.com/

PsyArXiv 为心理学研究者提供预印本分享服务。

（7）EarthArXiv

网址：https://eartharxiv.org/

EarthArXiv 专注地球科学领域的预印本发布。

（8）engrXiv

网址：https://engrxiv.org/

engrXiv 主要服务于工程科学领域的预印本。

（9）LawArXiv

网址：https://www.lipalliance.org/lawarxiv

LawArXiv 是一个为法学研究提供预印本服务的平台。

（10）OSF Preprints

网址：https://osf.io/preprints/

OSF Preprints 托管于开放科学框架（OSF）下的预印本服务，支持多学科预印本上传，由 Center for Open Science 运营。

（11）ChinaXiv

网址：http://chinaxiv.org/

中国科学院文献情报中心推出的中国本土预印本系统，支持中文和英文两种语言，涵盖多个学科领域。

除此之外，还有许多其他的预印本平台正在逐步兴起和发展，如 agriXiv（农业科学）、paleorXiv（古生物学）等，它们都在各自的学科领域内发挥了重要作用。随着开放科学理念的深入人心，预印本平台已成为全球学术交流的重要组成部分，在促进公开、透明与可重复的科学研究上，起到了很大的作用。

## 10. 开放科学架构下的科研成果评价有什么变化？

同行评议作为科研成果评价领域的传统核心机制，在科研论文发表领域尤其如此，自诞生以来，对促进科学进步发挥了不可或缺的作用。然而，同行评议机制一直存在着诸如评审质量波动、潜在偏见性及个人利益冲突等问题。开放性是开放科学的核心要素，不仅增强了透明度，还为科研评价体系的可靠性提供了支撑。自20世纪90年代起，若干学术期刊开始尝试混合评审模式，即开放同行评议与传统模式并行，以期兼收并蓄。

开放同行评议，又称为公众评审或透明评审，其特色在于评审意见及作者的公开回应同为文章发表内容。随着开放科学的发展，开放同行评议日益成为主导科研成果评价的趋势。《英国医学杂志》的研究显示，开放评议并未削弱同行评议的严谨性，反而可能促进了评审质量的提升。

公开、透明、开放的同行评议能够完整地记录与文章有关的争议和讨论部分，在一定程度上减少剽窃的可能性，并且更容易发现文章的缺陷与不足等问题。开放同行评议给予不同科研水平的研究者共同讨论、研究问题的机会，在这个过程中，研究者互相学习，在质疑与肯定中提升学术水平，因此可视为科学和社会进步的表现。

另外，科研评价不仅包括对科学价值本身的评价，还应考虑研究的社会和经济价值等。开放科学鼓励对科研成果进行多维度评价，除了传统的基于期刊影响因子和论文引用次数，还包含了数据引用、软件引用、专利引用、政策引用等多元化的评价指标，以及对科研成果的社会影响力、公众参与度、开放数据共享等方面的评价。开放科学打破了传统学术界、科学界壁垒，使更多公众可以加入到科学交流与活动中。让科研评价不局限于论文及其学术影响力为主的传统评价体系，转向更多元的科研产出与其更广泛影响力的开放式多元评价框架体系，更接近当今科学真实状态。

开放同行评议提供了一个变革传统同行评议，提高期刊评审质量的途径。Nature Communications、BioMed Central 出版的开放获取期刊已启动开放同行评议，采用了更加透明、民主的开放同行评议，即公开同行评议人信息、同行评议意见及作者回复等。

## 11. 实施开放科学需要哪些基础条件的支持？

开放科学的实施需要配套的共享研究基础设施。开放科学基础设施（open science infrastructure, OSI）是指支持开放科学实践的各种线上和线下设施、平台、工具和服务的集合。开放科学基础设施旨在促进科研过程的开放性、透明度、可重复性和可获取性，具体包括但不限于以下几类。

（1）科学设备或成套仪器

这些可以是物理存在的设备，也可以是虚拟的科研工具，如高性能计算集群、生物信息学分析平台等。

（2）知识型资源

这包括了各类科学文献汇编、期刊、开放获取出版平台、科学数据存储库、档案馆等，这些都是科学研究中不可或缺的信息资源。

（3）研究管理信息系统

如 Open Science Framework（OSF）、ResearchGate 等，提供科研项目管理、数据管理、协作撰写和研究资源分享等功能，帮助管理和整合科研数据，促进科研信息的流通和共享。

（4）评估和分析科学领域的工具

常用工具包括开源软件、数据分析工具、模拟工具、算法代码库等，如 GitHub、GitLab 等版本控制系统和协作平台。这些工具能够帮助科研人员进行数据分析、趋势预测、科研绩效评估等，是科研工作的重要辅助。

(5) 科普场馆和设施

这些设施面向公众开放，旨在普及科学知识，提高公众的科学素养。

(6) 科研数据开放共享和跨境流动的支持系统

这涉及数据管理、交换、互操作性等方面的软硬件设施，确保科研数据的安全、高效传输和利用。

(7) 国际合作平台

为了加强国际科研合作，开放科学基础设施也包括促进跨国界科研交流与合作的平台和机制。

(8) 开放教育资源

常见资源包括开放课件、开放教育资源库、在线教程和讲座，助力知识的开放传播和教育公平。

(9) 科研基础设施和设施共享平台

大型科研设施如光子源、粒子加速器等，以及设施预约、数据获取和使用的开放共享平台。

这些基础设施共同构成了开放科学的基础支撑，它们的建设和完善对于推动科学研究的开放共享、提高科研效率和质量具有重要意义。

## 12. 国际上有哪些成功的公民科学项目？

虽然"公民科学"这一术语提出的时间并不长，但其指代的科研活动却有相当长的发展基础和历史渊源，并出现了一些颇具影响力的公众科学项目，如创立于1900年的"圣诞节鸟类调查"，创立于1966年的"北美繁殖鸟类调查"计划，创立于2007年的"星系动物园"活动等。欧美国家制定了相关政策，鼓励公民科学项目的发展，并在公民科学平台的建设方面开展了一系列富有成效的探索性实践。欧盟委员会专门制定了《欧盟公众科学白皮书》促进公民科学。美国白宫科技政策办公室推动建立了"Federal Crowdsourcing and Citizen Science Toolkit"平台，为公民科学提供了开放工具。

以下是国际上公民科学项目的一些典型案例。

（1）iNaturalist

这个项目是一个社交网络性质的生物多样性记录平台，用户可以通过手机应用上传动植物的照片，并通过人工智能和专家的帮助识别物种。该项目成功吸引了数百万的自然爱好者参与，积累了大量的生物多样性数据。

（2）Zooniverse

该平台拥有众多项目，如星系动物园、旧新闻档案等，允许公众参与到天文学、历史学等领域的研究中。通过众包的方式，Zooniverse 已经产生了大量的科研数据，并为多个领域的研究做出了实质性的贡献。

（3）EcoTarium

这是一个环境监测和数据分析平台，它通过简易的设备收集环境数据，并将这些数据提供给公众和专业研究者。EcoTarium 的成功在于它降低了环境监测的门槛，让更多人参与到环境保护中来。

（4）Biological Records Centre（BRC）

自 1964 年成立以来，BRC 通过公众提交的物种观测记录，为英国的物种分布研究、科学教育和政策制定做出了重要贡献。BRC 的案例展示了公民科学在长期生态监测中的作用。

（5）eBird

由美国康奈尔大学鸟类学实验室发起，鼓励公众提交本地鸟类观察记录，收集全球范围内的鸟类分布和迁徙数据，对鸟类保护和生态学研究起到了重要作用。

（6）Great Backyard Bird Count

由美国奥杜邦学会和康奈尔鸟类学实验室共同发起，邀请全球公众在特定时间段内记录自家后院或其他地点的鸟类种类和数量，以此来监测全球鸟类种群动态。

(7) Snapshot Serengeti

通过分布在非洲塞伦盖蒂草原的远程摄像头收集动物影像数据，邀请公众帮助识别动物种类和行为，收集的数据对野生动物生态学研究具有极高价值。

这些项目只是公民科学领域中的冰山一角，实际上还有更多围绕气候变化、环境污染、健康、城市规划等众多领域的项目正在吸引全球公民的积极参与。这些项目利用大众的力量参与科学研究，极大地拓展了科学研究的范围和深度，也提升了公众的科学素养和环保意识。这些项目表明，公众的参与可以为科学研究带来巨大的潜力和价值，同时丰富了公众的科学体验和教育。

## 13. 我国在开放科学领域有什么相关政策法规？

自21世纪以来，我国开始重视科研基础设施建设和科学数据的开发、共享工作，在数据共享和透明度方面也采取了更加积极的政策，仅2001—2020年，我国就出台了114项科学数据开放共享政策。2021年年底修订的《中华人民共和国科学技术进步法》明确提出推进开放科学发展。2022年党的二十大报告提出"形成具有全球竞争力的开放创新生态"。需要说明的是，截至2023年年底，我国还尚未出台直接以"开放科学"命名的政策法规。

以下是一些重要的开放科学政策文件。

2004年，科技部等4部门发布《2004—2010年国家科技基础条件平台建设纲要》，推动科技基础条件平台建设和大型科研仪器、科学数据资源开放与共享。

2014年5月，自然科学基金委发布《关于受资助项目科研论文实行开放获取的政策声明》，中国科学院发布《关于公共资助科研项目发表的论文实行开放获取的政策声明》，强调了所取得的科研成果必须以最快速度实现开放获取，推动开放科学的发展，共同促进全球开放共享。

2014年9月，科技部颁布《关于加快建立国家科技报告制度的指导意见》，要求建立科技报告共享机制，在做好相关的安全保密及知识产权保护措施的前提下，实现对社会公众的开放共享。这些政策的制定为开放科学在我国的快速发展提供了行动准则，有利于开放科学的发展。

2015年，《促进大数据发展行动纲要》将"发展科学大数据""构建科学大数据国家重大基础设施""建立国家知识服务平台和知识资源服务中心"等列入"万众创新大数据工程"之中。

2016年，加快科研信息化纳入《国家信息化发展战略纲要》，提出了"加快科研手段数字化进程，构建网络协同的科研模式，推动科研资源共享与跨地区合作，促进科技创新方式转变"的要求。

2017年9月，科技部、国家发展改革委、财政部三部门发布《国家重大科研基础设施和大型科研仪器开放共享管理办法》，推动国家重大科研基础设施和大型科研仪器的开放共享。

2018年4月，国务院办公厅发布《科学数据管理办法》，进一步加强和规范科学数据管理，保障科学数据安全，提高开放共享水平，指出数据开放将是受政府预算资金资助研究项目的基本原则。这些政策都涉及科研体系不同程度的开放。

2018年12月，在第十四届柏林开放获取会议上，国家自然科学基金委、国家科技图书文献中心、中国科学院文献情报中心发布立场声明，明确表示中国支持OA2020和开放获取S计划，表明了我国对开放科学的支持态度，并已从国家层面重视开放科学的建设问题。

2020年4月，中共中央国务院《关于构建更加完善的要素市场化配置体制机制的意见》中，进一步明确了数据是继土地、资本、劳动力、技术之后的第五大生产要素，并要求加快培育数据要素市场，推进政府数据开放共享，提升社会数据资源价值，加强数据资源整合和安全保护。

2021年1月31日，中共中央办公厅、国务院办公厅印发《建设高标准市场体系行动方案》，提出加快培育发展数据要素市场，加强数据共享交换，研究制定加快培育数据要素市场的意见，建立数据资源产权、交易流通、跨境传输和安全等基础制度和标准规范，推动数据资源开发利用，积极参与国际规则和标准制定。我国数据要素向现实生产力转化的政策环境正在逐步完善。

2021年6月10日，我国第十三届全国人民代表大会常务委员会第二十九次会议通过了《中华人民共和国数据安全法》（简称数据安全法），并于2021年9月1日起施行。数据安全法作为我国第一部数据安全相关的专门法律，为国家重要数据保护和各行业数据安全监管提供依据，标志着我国在数据安全领域有法可依。

2021年12月24日，《中华人民共和国科学技术进步法》第二次修订，第九十五条中明确提出"推动开放科学的发展"，从法律层面肯定了开放科学在促进我国科技进步中的重要作用，标志着中国正式将开放科学确立为国家科学技术的发展方向之一。

## 14. 我国有哪些开放科学国际合作案例？

近年来，中国在促进国际开放获取中做出了不懈努力，中国科技成果的学术发表数量和国际影响力稳步提升，在学术期刊领域推进开放科学计划，助力学术论文的科研诚信建设，赋能学术期刊出版融合发展。

2018年12月2—4日，中国国家自然科学基金委、国家科技图书文献中心、中国科学院文献情报中心应邀参加第14届柏林开放获取会议，并在会议上发布立场声明，明确表示支持国际科技界提出的OA2020和欧洲11国资助机构联合提出的开放获取S计划，支持公共资助项目研究论文立即开放获取。与会的多个国家和国际组织代表对中方这一明确态度表示赞赏，开放获取S计划的首要架构师——德国科学家罗伯特-杨·斯密茨（Robert-Jan Smits）更是称之为"全球开放获取运动向前迈进的关键一步"。

2020年1月9日，国家新闻出版署出版融合发展（武汉）重点实验室与约翰威立国际出版集团在北京签署了合作备忘录，双方就更好地服务中国学术、在图书出版和学术期刊服务方面开展深度合作、创新学术出版服务模式等方面进行了深入会谈，并达成了合作意向。有着200多年历史的国际知名出版机构约翰威立，旗下拥有众多高影响力期刊，与中国的科研机构和科研工作者有着广泛密切的合作，有望在学术期刊移动端传播、个性化知识服务、学术评价体系创新等领域开展深入合作，依托双方优势，实现互利共赢。

北京航空航天大学与Taylor & Francis集团旗下开放研究平台F1000签署协议，将开发全球首个专用于"数字孪生"（Digital Twin）技术的开放获取出版平台。这个专注于数字孪生技术的出版平台允许所有研究成果以开放获取的方式出版，将预印本的优势与保证质量的同行评议机制相结合。该平台于2021年7月开放投稿。平台为研究人员提供开放、透明的同行评议过程，并有强制性FAIR数据政策，以便可以对支撑研究结果的源数据进行全面访问。

2021年7月6日，施普林格·自然（Springer Nature）与中国科学技术信息研究所（ISTIC）正式宣布成立ISTIC-Springer Nature开放科学联合实验室（"ISTIC-SN Lab"）。这是中国科学技术信息研究所首次与外部组织设立有关开放科学的研究机构。ISTIC-SN Lab的设立旨在支持和推动中国对开放科学的研究，促进相关的国际学术交流和成果发布，增进科研界及公众对开放科学的认识和了解。

2021年7月28日，中国科学技术协会举办第四届世界科技期刊论坛，论坛以"推动开放科学：共享·共赢·可持续"为主题，围绕开放获取、开放数据、开放科研、开放评价及科研诚信协同治理等热点话题进行了深入研讨，中国科学技术协会与国际科技与医学出版商协会、约翰威立国际出版集团共同签署了合作备忘录。

2022年11月6日，我国在第五届世界顶尖科学家论坛开幕式上发布了《关于国际合作的科研行为的倡议》，该倡议积极倡导包括开放科学在内的 8 项具有全球共识的科研价值观，旨在与国际同行一道，共同应对全球性挑战，这是中国科技工作者为加快落实联合国 2030 年可持续发展议程、融入全球科技开放合作的一项重要实践。

2023 年 11 月 7 日，在首届"一带一路"科技交流大会上，我国提出《国际科技合作倡议》，倡导并践行开放、公平、公正、非歧视的国际科技合作理念，发出坚持"科学无国界、惠及全人类"、携手构建全球科技共同体的中国声音。

## 15. 欧美国家在推广开放科学方面实施了哪些政策？

近十年来，欧美国家开放科学政策发布数量逐年上升，经历了 2013 年、2016 年、2021 年 3 个高潮，其中以开放获取和开放数据相关政策数量最多。在地区上，美国发布的开放科学政策数量最多，其次是欧盟。可以看出，发达国家普遍认识到，开放科学与国家长期利益有紧密关系，有必要通过政策这种强制措施严格规定该领域的发展形式和发展目标。

美国早期曾经推出过多项支持开放获取的法案，如 Sabo 法案（2003 年）、NIH 法案（2004 年）、CURES 法案（2005 年）、FRPAA 法案（2006 年）等。2013 年，美国白宫科技政策办公室颁布《提高联邦资助科学研究成果获取的备忘录》，在该强制性政策的推动下，美国成为全球机构知识库数量最多的国家。截至 2023 年 1 月，根据开放获取知识库目录统计，美国机构知识库数量已达到 922 个。2019 年 1 月 14 日，美国总统特朗普签署《公开、公众、电子和必要（公开）政府数据法案》［Open, Public, Electronic and Necessary （OPEN）Government Data Act］，要求美国联邦机构公开所有不敏感的政府信息。2022 年，美国白宫科技政策办公室发布《尼尔森备忘录》（Nelson memo），修订了对联邦资助机构的要求，该要求将适用于所有机构，所有同行评议的学术出版物在出版后即可公开获取，并将2023年定为"开放科学年"。

2007年，欧洲开始实施第七框架计划（7th Framework Programme，FP7），其资助范围从基础科学到前沿科学，资助重点是培养科研工作者的创新能力，以及科研的合作与共享。这个计划的实施大大提高了科研工作者的创新能力，更有助于加强各国之间科学研究的交流与合作，促进全球化的科研合作与开放共享，助力开放科学运动。

2014年，爱尔兰启动"开放政府数据"（Open Government Data，OGD）行动计划，逐渐发展成为欧洲及世界的领跑者。在欧盟成员国中，爱尔兰连续三年（2017—2019年）位列"开放数据成熟度"（Open Data Maturity）评估的榜首。

欧洲其他开放科学相关政策还包括：2014年11月，芬兰教育文化部发布的《2014—2017年开放科学与研究路线图》，明确提出芬兰要在2017年成为全球开放科研的领先国家；2020年2月欧盟委员会颁布的《欧洲数据战略》；2020年9月英国出台的《国家数据战略》；等等。

这些政策在内容上一般包含以下基本要素。

（1）实施背景

简短陈述近些年该领域的发展趋势，政策制定国家自身的情况和条件，最终提出该政策实施的必要性。

（2）政策对象

适用于使用该政策进行管理，或者依据该政策应采取相关措施的机构。

（3）政策内容

内容是政策的主体部分，也是最主要要素。政策内容充分反映了政策的本质和实质。任何没有内容的政策，都是毫无疑义的口号宣传。政策内容的一个显著特征，就是相对具体，即政策内容所表达的思想要具体，政策的条文要具体，文字要准确、简练。

（4）政策目标

目标是政策制定的依据。它既是各类政策的出发点，又是政策所指向的终点，要求达到的结果。因此，政策目标贯穿整个政策研究和制定的过程，决定着政策研究的性质和方向。目标确定的正确与否，影响着政策的成败和效果的大小。政策目标是衡量政策制定的正确程度和政策实施的效益程度的标准之一，应具有明确性、综合性、阶段性的特点。

## 16. 软件开源运动是否属于开放科学的范畴？

软件开源运动与开放科学密切相关，软件开源运动可以被视作开放科学的组成部分，它的理念与开放科学的核心原则——知识共享、透明度和协作——是一致的。开放科学强调科研过程和结果的开放性、透明度和可重复性，它包括了开放获取、开放数据、开放方法、开放评价等多个层面。软件开源运动则强调软件源代码的开放共享，允许任何人查看、使用、修改和分发源代码，这在很大程度上符合开放科学的核心原则。

开源软件是指公开提供公众使用的软件及其配套源代码，以可读和可修改的文件格式，在开放许可证下授予他人使用、访问、修改、扩展、研究、创建派生作品的权利，作者有时也会提供开源软件的设计框架和使用说明。源代码一般需要标注软件版本，存储于公开可访问的平台或数据库中，所选择的许可证必须允许在平等或兼容的开放条款和条件下进行修改、派生工作和共享。

软件开源运动起源于20世纪80年代Richard Stallman发起的自由软件运动。如今，开源软件已经成为信息技术领域的一个重要分支，许多流行的软件和服务都是基于开源技术构建的，如Linux操作系统、Apache Web服务器和Android移动操作系统等。

开源软件让更多的软件人员共同参与到软件的优化和改进中来，实现广泛的合作，是开放科学思想在软件行业中的一种实现形式。越来越多的IT公司对开源运动持开放态度，一方面，优秀的开源项目，可以大幅节省开发成本，避免重复造轮子的工作；另一方面，公司优秀的自研项目也可以通过开源模式，让更多的开发者参与进来，一起努力提升软件的功能。谷歌和微软等科技巨头逐步认可软件开源的研发模式，谷歌云已经与 MongoDB、Redis Labs、Neo4j 和 Confluent 等开源软件公司建立了合作关系。

因此，软件开源运动与开放科学的目标在本质上是一致的，两者都追求知识的开放共享，只不过软件开源更侧重于软件这一特定领域的开放实践，它是实现开放科学目标的一个具体途径和实践领域。然而，开源软件也存在一些挑战，如安全性问题、版权和专利问题及商业化困难等。尽管如此，开源软件仍然被认为是推动技术创新和促进知识共享的重要力量。

## 17. 科技社团在开放科学体系中的作用是什么？

开放科学被广泛认为科学研究范式的一场革命，这场革命在本质上是以互联网为支撑的科研人员群体内部，以及科研群体与广大群众之间信息交流的变革。科技社团是科研人员的共同体，在科技人员信息沟通与协作中起到重要作用。因此，在开放科学构架下，科技社团需要积极主动顺应社会发展潮流，引入新技术、新方法，拓展自身职能。

（1）推动我国开放科学的顶层设计，制定相关发展战略

面对正在孕育兴起的新一轮科技革命和科研范式变革，世界主要国家都在寻找科技创新的突破口，抢占未来发展的战略制高点。欧盟，以及美国、日本等科技强国都非常重视开放科学的影响，均根据自身特点制定了相应的开放科学发展战略和路线图。我国目前尚缺少此类国家层面的战略和设计。科技社团作为科研人员共同体，理应承担起向国家建言献策的责任，以国际成功范例为蓝本，根据我国自身情况和总体发展规划，提出发展我国开放科学的政策建议和顶层设计。

### （2）推动学术期刊集群化建设

中国科技期刊谋求集群化与国际化发展，既要关注国际国内形势发展，又要深刻领会国家政策。科技社团应发挥自身优势，以辩证的思维、创新的理念，借助优势资源打造核心竞争力，充分激发改革发展活力，推进科技期刊国际合作，推动我国科技期刊集群化发展。集群化建设要树立品牌意识，搭建科技期刊产业跨界融合的协同创新平台，打通产业链上下游，构建科技期刊发展的良好生态。

### （3）推动预印本平台等新型文献交流平台建设

国际上各类预印本平台纷纷推出，国内科技论文预发布平台也有很好的发展势头。从长远来看，预印本是科学交流与科研合作的一种趋势，未来在学术交流中会占领相对主导的地位。构建国际化的预印本发布平台，需要找准自己的定位，一方面能够兼容已有的平台，另一方面能做出自己的特色，吸引国内外科研工作者和各学科专业科学家的关注。

### （4）以学科为单位，推动数据共享平台建设

发挥各学会、协会的引领带动作用，建设自主的、具有全球影响力的各主要学科开放科学数据平台。尽快从国家层面对不同学科的开放数据安全等级进行界定和划分，结合开放科学基础设施评估，对我国科研数据存在的安全风险展开全面排查。我国科技社团需要结合开放科学基础设施构建框架，制定适合我国国情并符合开放科学国际标准的开放数据标准和政策框架。

### （5）加强新型科研成果评价方法研究和体系建设

创新型人才是知识创新的主体和创新成果的重要载体，是创新型国家建设的基础。科技社团作为创新型人才的聚集主体，应有效承接政府的创新型人才组织管理职能。在创新型人才评价方面，要突破传统的以科技论文数量、专利授权数、科研获奖数量等为主体的人才评价体系，建立以市场为导向、以技术成果产业化程度和产业化价值为指标的新型人才评价体系。在创新型人才激励方面，科技社团应建立物质激励与精神激励相结合、

静态激励与动态激励相结合的激励模式，提高对创新型人力资源的激励绩效。

(6) 推进公民科学建设

公民科学是开放科学建设的重要组成部分。科技社团应在沟通科研群体与普通大众，促进大众对大科学事业的理解和支持方面做出贡献。强调科学教育与培训资源的建设与整合，利用社会资源开展科学教育和培训。增强科普公共服务的公平普惠，繁荣科普创作，切实推进科普资源的共享，充分发挥各类媒体科技传播的重要作用，加大传播力度，提高传播质量。

(7) 推动开放科学相关基础设施建设

组织相关的专家团队对我国开放科学基础设施的整体构建框架展开探讨，尽快形成包括政策基础设施和技术基础设施的建设方案，提出更具前瞻性的开放科学基础设施构建框架。

(8) 推进国际交流，积极参与国际开放科学体系

支持并积极参与联合国框架下的开放科学行动。发挥科技社团的沟通协调作用，组织国内专家或机构加入联合国教科文组织及其他国际组织主导发起的开放科学相关政策和计划的起草工作，提出修改意见，发出中国声音，贡献中国智慧。鼓励支持我国科学家强化与国际对接合作交流，积极参与国际规则制定，依据国际标准推进我国的开放科学建设。以全球可持续发展等重大问题合作为抓手，寻找与发达国家合作共同点，促使我国更好地融入全球开放合作体系。

## 18. 开放科学下的学术交流有哪些新特征？

(1) 数字化趋势

在学术交流的形式上，数字化趋势日益明显，无论是正式还是非正式的学术交流，数字平台都在不断增加且形式多样。研究人员可以根据需要随时随地在这些平台上发布最新的学术知识和动态。特别是非正式学术交

流平台，由于其周期短、无须审核的特点，受到了许多专家学者的喜爱。在学术创作过程中，研究人员可以方便地与相关人员及时进行学术交流和沟通，从而提高了学术交流的整体效率。在数字学术背景下，学术利用者可以免费分享、收藏和下载所需的文献资料，低成本地获取信息，这有助于弥合"数字鸿沟"，促进学术交流和传播。

（2）平台化趋势

在开放科学架构的推动下，学术交流正逐步从传统的期刊和会议模式向网络信息平台转型。这些平台涵盖了全文科技文献平台、科技文摘平台及专业学科数据平台等多种形式。为了规范和提升学术交流的质量，中国科学院等科研机构正致力于构建高端科研论文和科技信息交流平台，以推动学术交流平台的高标准建设。这些平台的建设主体涵盖了国家科技创新信息交互平台、商业化的科技信息服务提供商、科研机构自行搭建的信息平台，以及学术组织所建立的开放公益性科技信息平台等。它们集合了科技管理、科技情报、学术出版、科学传播及文献数据库等多个领域的专业力量，采用开放的交流模式，致力于提供高质量的学术交流内容和服务，以支持国家科技战略的实施。

（3）社交化趋势

越来越多的学者愿意通过论坛、博客等社交媒体平台进行学术交流。个体可以以多种形式参与网络交流，体现了"互联网＋"模式下的开放创新。正式学术交流与非正式学术交流在数字学术背景下界限越来越模糊，有高度融合的趋势。网络学术交流有助于拓宽学术信息来源，有效推动理论与实践的结合，以网络形式促进实践者加入交流过程，能更真实贴切地发现现实问题，充分发挥科研工作者交互监督的作用，通过社会性监督及言论对正式渠道的学术信息进行社会性检验及监管。

（4）国际化趋势

高端学术交流与国家科技强国要求及全球科研态势紧密相关。学术交流的国际化趋势，有助于汇聚全球原始创新成果，反映学科布局及态势演化，为国家重大科技问题的宏观决策提供支持；有助于促进融入国际学术交流体系，促进科技信息开放共享，建立开放、透明、高效的学术交流模式，面向科研活动全生命周期提供个性化智能知识服务；还可以增强科学研究的可信度和可重用性，推动科研诚信和科技伦理建设，进一步健全完善科学评价体系。

（5）全过程化趋势

学术交流逐渐成为伴随科研活动全流程，贯穿科研全生命周期的活动。学术交流过程与科研全流程实现了紧密的契合，使科研活动更具有创新性。科研活动以问题为导向，经历选题确立、研究方法的选择、研究过程描述、研究结果分析、研究结论提炼、创新点总结等过程，其中任何一个过程都需要创新的价值分析和深入的学术交流。此外，高端学术交流还覆盖从创新价值链视角认识和发展学术交流。任何科研活动的单一过程不仅需要价值创新，也同样需要整个创新价值链的支撑。学术发展过程就是创新价值链不断优化与完善的过程。学术交流过程、创新价值认知与科研全流程实现了紧密的契合，学术交流更有效，科研活动更有创新力。

（6）去中心化趋势

通过数字技术进行网络学术交流，隐去了交流主体的身份地位，学术交流更具备平等性，有利于构建自由的学术环境。给一些刚迈入社会，没有很高的社会地位和资历，但是却很有创新思想的年轻人提供了平等的交流环境，有利于年轻人学习和创造更多的知识。Web2.0更多体现了"互联网＋"的思维，倡导跨界整合，呈现出去中心化、开放、共享的显著特征，充分实现了多对多的信息互动交流，并由此促进了用户主体间社交网络的形成。网络学术交流发展出的新形式避免了传统学术交流中专家的绝对权威现象，在学术交流过程中体现了较高程度的民主化，帮助科研工作者拓展学术空间和领地，提升学术视野，有效促进全方位系统性地科学思考和科研探索。

## 19. 国际上就开放科学达成了哪些宣言？

宣言是团体、组织、国家对重大问题表明其基本立场和态度而发表的简短文告，通常带有宣传和倡议的作用。在 2001—2010 年这一时期，由各类学术组织发起了多个宣言，如 2002 年《布达佩斯开放获取倡议》、2003 年《关于科学与人文知识开放获取的柏林宣言》等，对吸引公众对开放科学的注意起到了重要作用，有利于开放科学的早期传播。

开放科学相关宣言可以有缔约方，也可以没有确定的缔约方，而是面向全部相关受众进行的一种声明和呼吁。其目的主要包括：对内，在缔约方内部群体中，就开放科学某些概念的内涵和外延达成共识；对外，即对于未缔约的群体，宣传开放科学相关理念，提高全世界范围内公众对这一新生事物的认知度。有的宣言会提出一系列参考性的行动纲领，供缔约方参考，从而在行动上进一步推进开放科学的发展。开放科学相关宣言虽然属于强制性最弱的一种协议形式，但是对开放科学的早期发展，起到了重要的作用，具有巨大的影响力，接受度较高，其意义不可忽视。

2001 年 12 月布达佩斯开放获取会议对开放获取的内涵、标准及组织形式等进行了阐述，发布《布达佩斯开放获取倡议》，并提出了两种开放获取策略，即建立"自我存档"（Self-Archiving）和创办"开放获取期刊"（Open-Access Journals，OAJ）。OAJ 是布达佩斯开放获取会议的主要内容，也是目前国内外研究人员关注的焦点。

2003 年《关于科学与人文知识开放获取的柏林宣言》，由德国发起，旨在推动资源开放获取，以互联网为媒介推动实现科学知识和人文知识的开放获取，为科研政策决策者、科研机构、资助机构、图书馆等提供具体技术方法。迄今为止，已有包括中国科学院、中国国家自然科学基金委员会在内的 550 多个机构及国际组织签署了开放获取《关于科学与人文知识开放获取的柏林宣言》，且成员数量还在不断增加。

2012年4月《开放获取开发和推广的政策指南》，由联合国教科文组织发布，于2020年9月30日向其193个会员国提交了开放科学建议书初稿。于12月建立了开放科学合作伙伴关系，成员包括各科学研究院、高校、青年研究人员、图书馆和出版商等。在与全球专家、公众、非政府组织和联合国机构进行磋商之后，教科文组织还成立了咨询委员会，承担开放科学建议书起草任务。委员会由来自世界各地的30名专家组成。

2013年《开放数据宪章》（G8 Open Data Charter），法国、美国、英国、德国、日本、意大利、加拿大、俄罗斯，八国集团首脑在北爱尔兰峰会上签署了《开放数据宪章》（简称G8宪章），提出了开放数据五原则：数据开放为本；注重质量与数量；让所有人使用；为改善治理而发布数据；发布数据以激励创新。G8宪章开启了OGD的序幕。G8宪章的理念也成为后续加入OGD运动的国家所共同遵守的原则与规范。

2016年3月OA-2020，由德国马克思·普朗克科学促进会（简称马普学会）等机构联合学术团体发起，旨在实现学术文章免费在线存取与减少使用受限，以及提高重用性，倡议全球开放获取相关利益方共同努力，将传统期刊向开放获取模式转型。截至2019年4月，已有来自141个国家或地区的148个组织签署了意向书，其中包括中国国家科技图书文献中心、中国科学院国家科学图书馆等19个机构。

2021年11月《联合国教科文组织开放科学建议书》。2019年，在联合国教科文组织第40届大会上，193个会员国决定由该组织牵头开展关于开放科学的磋商，制定一份关于开放科学的国际标准性文件。2020年建议书初稿完成，2021年11月9—24日，建议书在联合国教科文组织大会第41届会议上正式发布。标志着开放科学迈入全球共识的新阶段。

# 第二部分
## 开放科学名词解析

## 一、基础理论

### 1. 科学学

科学学（Science of Sciences）是研究科学的学科，以科学（主要指自然科学）为研究对象，研究目的在于认识科学的性质特点、关系结构、运动规律和社会功能，并在认识的基础上研究促进科学发展的一般原理、原则和方法。科学学是一门新兴交叉学科，其研究内容主要包括：科学在社会历史发展中的地位和作用；现代科学知识体系的发展规律；科学的社会形成过程；科学发展的具体任务与途径；科研活动管理策略；科学教育系统的建立和完善；科研活动的认识规律、心理规律、社会规律和计量方法等。信息技术的发展，使得对科学研究进行全过程定量化跟踪成为可能，包括科研基金资助、学术生产、科学家合作、文章引用等环节均可以实现量化分析，借此探索科学的体系结构和发展趋势，最终制定一系列能加速科学研究的政策，开发相应的研究工具。

科学学的研究始于20世纪20年代，1925年波兰学者F.兹纳涅茨基（1882—1958）最先提出"科学学"一词，1939年英国科学家J.贝尔纳（1901—1971）的著作《科学的社会功能》（*The Social Function of Science*）是科学学奠基性著作。20世纪60年代形成独立的研究领域。此后，科学学得到迅速发展，到20世纪80年代，全世界成立的专门研究机构有500个以上。科学学在中国的传播和研究出现较晚，1977年，中国著名科学家钱学森发表文章，率先呼吁开展科学学的研究，从此科学学在中国进入了一个快速发展的新阶段。

科学学具有交叉学科的特点，需要引入包括自然、工程、信息和人文等多个领域研究背景的科学家，共同构建用来进行实证分析和生成研究的科研大数据模型，发现科研活动背后的从业者的发展变化情况，发现造成这些变化的各种因素，从而更有效地解决环境、社会和技术问题。例如，对合作网络的研究和对引用网络的研究解释了新学科的诞生和重大发现的诞生过程。科学学提供了关于科学家、研究机构和学术思想之间结构框架的定量理解，有助于阐明科学发现背后的基本规律。

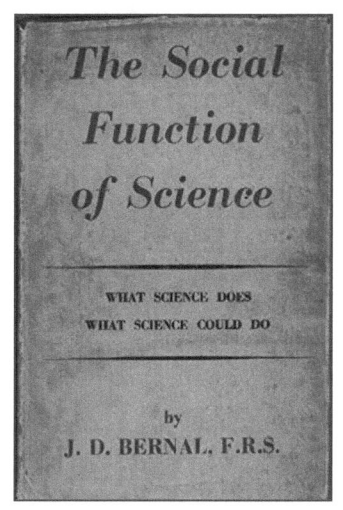

《科学的社会功能》英文版封面

## 2. 科学范式

范式（paradigm）的概念和理论由美国科学哲学家托马斯·库恩（Thomas Kuhn）提出，并在《科学革命的结构》（*The Structure of Scientific Revolutions*）（1962）一书中进行了系统阐述。科学范式是指在科学研究中被普遍接受的理论体系、理论框架、定律法则。在库恩看来，范式是一种对本体论、认识论和方法论的基本承诺，是科学家群体所共同接受的一组假说、理论、准则和方法的总和，为科学研究者在一段时期内提供了一套统一的模型问题和解决方案，包括哪些科学事实应该被观察和检验、哪些问题应该被提出或得到解答、问题应该如何组织、科学结论应该如何解释等，这些东西在心理上形成科学家的共同信念。在现有科学范式内，开展科学研究、建立科学体系、运用科学思想的坐标、参照系与基本方式，具体包括科学体系的基本模式、基本结构与基本功能。

科学范式不仅定义了科学问题的解决方案，还塑造了研究者对自然界的认知方式，决定了哪些问题是可研究的，以及何种类型的实验和理论分析是合理的。简而言之，科学范式是科学研究的规范性框架，它使得科学家在一个共同认定的概念体系中工作，促进知识的积累与创新。科学范式转移（Paradigm Shift）则标志着基本理论和科学假设的根本性改变，标志着新的科学革命的到来。

《科学革命的结构》英文版封面

## 3. 默顿主义范式

20世纪40年代，以国家为主体的科学研究活动逐渐成为主流模式，在公共资金支持下创造的知识共享方式，成为一个重要的社会和政治议题。美国社会学家罗伯特·金·默顿（Robert King Merton）在1942年的《论科学与民主》（*Note on Science and Democracy*）中提出了知识共享的默顿主义范式，并在1957年进行了补充和完善。该理论的核心是以下五个规范。

### （1）公有主义

所有科学家应对科学知识拥有共同所有权，以促进集体合作，该规范强调科学知识的公有性，强调科学知识是人类的共同财富。

### （2）普遍主义

科学有效性独立于参与者的社会政治地位或个人属性，强调科学内容和科学评价标准的客观性、普遍性。

### （3）无私利性

科学机构的行为是为了共同的科学事业的利益，而不是为了某些个人或团体的利益。

### （4）批判精神

无论是在方法论上还是在机构行为守则上，科学主张均应接受严格的审查，然后才能被接受。

### （5）独创性

研究成果应该对理解世界做出新颖的贡献。该规范要求科学家只有发现了前人未发现的东西，做出了前人未曾做出的成果，其工作才会被认为对科学的发展具有实质性的意义。

默顿主义范式首次勾勒出了科学开放特质的轮廓，为开放科学的发展奠定了理论基础。

## 4. 吉姆·格雷与第四范式

图灵奖获得者吉姆·格雷（James Nicholas Gray）是数据库技术领域颇具传奇色彩的权威人士，美国科学院、工程院两院院士。在2007年1月召开的NRC-CSTB（National Research Council-Computer Science and Telecommunications Board）大会上，吉姆·格雷发表了"科学方法的革命"的著名演讲，提出将科学研究划分为四类范式：第一范式是经验证据，源于对自然现象的观察和实验总结；第二范式是理论科学，对自然界某些规律做出原理性的解释；第三范式是计算科学，通过计算模型与系统模拟进行复杂过程的科学研究；第四范式是数据密集型科学，即在实验观测、理论推演、计算仿真之后数据驱动的科学研究方式。

其中作为第一范式的经验研究和第二范式的理论研究，在科学发展过程中的相当长时间内占据了主导地位。20世纪中叶，现代电子计算机的诞生使得基于算力的模拟仿真得以实现，第三范式由此产生并得到迅速普及，核爆试验、天气预报都是其中典型代表。随着科学数据的快速增长和积累，基于大数据的深度分析，使用新型机器学习算法建立具有预测能力数学模型成为可能。数据密集范式由此产生为一种新科学研究范式，即第四范式。开放科学是全球一体化背景下第四范式的实现方式。

在现代科学技术发展的推动下，观测、采集和计算的研究中会产生海量科学数据，也就是通常说的"大数据"，这是第四范式产生的前提和基础。科学家们把数据作为科学研究的新型对象和工具，基于数据来思考、设计和实施科学研究。人们不仅关心数据建模、描述、组织、保存、访问、分析、复用和建立科学数据基础设施，更关心如何利用泛在网络及其内在的交互性、开放性、利用海量数据的可知识对象化、可计算化，构造基于数据的、开放协同的研究与创新模式。

2009年，由Tony Hey等主编的 *The Fourth Paradigm: Data-intensive Scientific Discovery* 是一本从研究模式变化角度来分析"大数据"及其对革命性影响的专著，由潘教峰、张晓林等翻译的中文版《第四范式：数据密集型科学发现》2012年由科学出版社出版。

《第四范式：数据密集型科学发现》中文版封面

## 5. 开放科学

开放科学是科学发展的最新阶段，是传统科学在信息时代演化出的一种新型研究范式，包括：开放获取、开放评价、开放数据、开放基础设施、公众科学等诸多领域，具有丰富的内涵。开放科学的理念在20世纪90年代早期就已经出现，特别是在科学传播和学术出版领域。然而，对开放科学的理解和实践在之后的几十年里不断演变和发展，许多学者、政策制定者和组织对这一概念进行了深入研究和探讨。所以，开放科学的概念是在整个科学社区的持续讨论和努力下形成并不断演变的。

各类机构和国际组织也高度关注开放科学的发展，并对该科学给出了相应的定义。经济合作与发展组织（OECD）将开放科学定义为"使出版物、数据、软件等各种研究成果能够广泛、公平地被公众免费获取的一种方法"。维基百科对开放科学的定义偏向于强调开放科学的参与人更多更广，包括社会各阶层的人，不管其专业与否，均能参与其中了解相关的各项科研活动，让科学知识的传播更便捷更迅速。欧盟委员会（European Union）认为开放科学是"利用新技术、新工具提高科学研究透明性、可重用性、可靠性的一种科研方式"。欧盟"FOSTER"项目、"地平线2020"计划，将开放科学定义为"开放数据、开放获取和开放可重复研究等一些系列活动的总称"。

2021年11月24日，联合国教科文组织发布《开放科学建议书》，开放科学被定义为"一个集各种运动和实践于一体的包容性架构，旨在实现人人皆可公开使用、获取和重复使用多种语言的科学知识，为了科学和社会的利益增进科学合作和信息共享，并向传统科学界以外的社会行为者开放科学知识的创造、评估和传播进程"。这是开放科学最新、级别最高、内涵最完备的一个定义，与之前的各类定义比较，倾向于强调知识共享，强调开放科学作为一种组织架构的特征。

开放科学的兴起，正在对人类科学发展产生着深远的影响，同时在潜移默化地改变着具体的科研工作和学术交流方式。接纳开放科学的理念，顺应潮流发展，对每一位科研人员都有重要的现实意义。

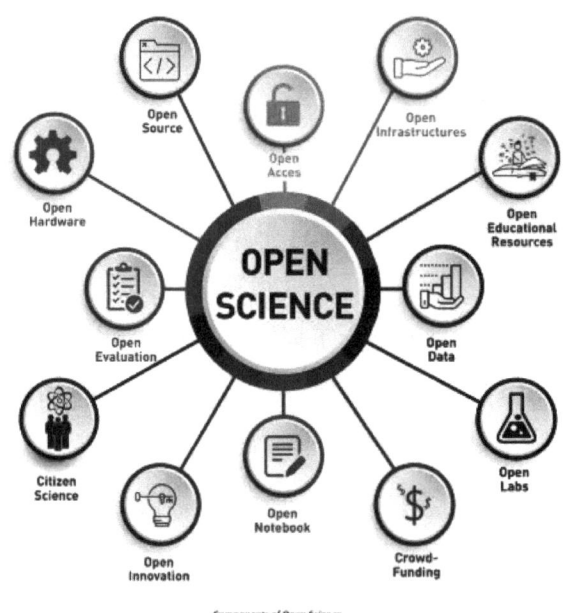

开放科学架构图

# 6. 大数据时代

在大数据时代，海量、高速增长且多样化的数据资源成为科学研究的重要资产。借助先进的数据处理技术和深入的分析方法，能够发掘数据背后的深层次规律和知识。大数据在生命科学、环境科学、社会科学等多领域中提供了前所未有的洞察力，极大地推动了科研的进展。

被誉为"大数据之父"的奥地利数据科学家维克托·迈尔-舍恩伯格（Viktor Mayer-Schönberger），在其著作《大数据时代》中，最早预见了大数据时代的发展，并指出研究范式的最大变化在于从对因果关系的探究转向对相关关系的发现。这标志着科学领域第四范式的兴起，其中大数据的积累和交流是基础。

大数据与开放科学紧密相连，共同塑造了科学研究的新范式和发展方向。开放科学倡导科研过程的透明度和科研成果的开放共享，科学数据的开放共享是其核心。开放的大数据资源让科研人员能够更广泛地访问、分析和利用数据，加速了知识的生成和传播。同时，许多国家和国际组织正积极构建科学数据基础设施，制定开放数据政策，以确保大数据在开放科学环境中的安全、合法和有效利用。此外，科研界在进行大数据的开放科学管理时，也需关注数据隐私、数据质量和长期保存等重要问题，强化数据伦理和社会责任。

综上所述，大数据为开放科学提供了丰富的研究材料和强大的分析工具，而开放科学的理念则促进了大数据在科研领域的开放获取、合理利用和持续增长，二者携手为科学研究带来了深刻的变革和前所未有的机遇。

《大数据时代》中文版封面

## 7. 大科学

20世纪中叶标志着科学研究的一次重要转型，普赖斯（Derek John de Solla Price）在其1963年的著作《小科学、大科学及其他》（*Little Science, Big Science... and Beyond*）中，首次系统阐述了"大科学"（Big Science）的概念。普赖斯观察到，与第二次世界大战前的"小科学"相比，大科学时代的到来意味着科学研究在规模、资金、技术设备和学科交叉等方面实现了显著的扩展。在这一时代，科学探索不仅需要巨额资金的投入，还涉及多学科的协同合作，以及对高端、复杂实验设施的依赖，以达成宏伟的研究目标。普赖斯的理论为我们提供了一个理解当代科学研究组织形式和发展趋势的重要视角。

国内学者进一步将国际大科学计划和工程的概念概括为：旨在科学技术前沿取得重大突破，解决经济社会发展和全球安全中的战略性、基础性和前瞻性科技问题，实现人类共同利益的跨国界、多学科、大规模的科研项目。这些项目通过多个国家的联合投资和长期运行，为全球科技界和社会相关方面的科学研究及高技术发展提供关键支撑。

大科学研究的国际合作模式涵盖了科学家个人之间的合作、科研机构或大学之间的合作，以及政府间的合作。在这些合作模式中，科研机构或大学之间的合作发挥着重要作用。具体的合作方式包括人员交流、专题研讨会、学术进修、合作研究、技术转移、设备和数据共享等。

大科学与开放科学虽各有特定内涵，但它们在当代科学研究实践中相互关联并产生影响。大科学项目以其复杂性、风险性和成本性，以及前沿性和突破性，对科研提出了更高要求。开放科学则强调科研过程的透明度、数据和成果的开放共享，以及广泛的科研协作。大科学项目在实施过程中采纳开放科学的原则，有助于提高数据利用效率、实现科研成果的社会效益最大化，并解决透明度问题，促进国际合作，降低重复劳动，提高研究质量和可信度。因此，大科学与开放科学呈现出互补和融合的关系，大科学项目通过采纳开放科学的实践策略，能够推进科学共同体的合作与信任，促进知识的快速传播与积累，实现科技成果的社会价值最大化。

《小科学，大科学》（*Little Science, Big Science*）英文版封面

## 8. 数字学术

数字学术（Digital Scholarship）是一个涵盖广泛的概念，指的是在学术研究领域中，利用数字技术和工具进行研究、发表、存档、教学及交流等活动的一种新的学术范式。数字学术理念产生于20世纪90年代的英国，将新的数字分析工具及新技术应用于科学传播，最初包括技术交流模式和教学交流范式，在后续的发展过程中，逐步涵盖了数字学术环境、开放学术交流环境、跨学科研究环境、数字服务环境等诸多内容。美国研究图书馆协会将数字学术定义为跨越了所有学科，并包含了广泛的数字证据，使用先进的信息技术为研究人员参与调查、研究、出版、保存等学术工作的新途径。

数字学术随着信息技术的快速发展和广泛应用而逐渐形成，与

e-science、e-scholar 等专业术语有密切联系，体现了现代学术研究对于数字化资源、工具和平台的高度依赖。现代科学研究对数据的交流和使用有了更高的要求，某一特定类型的科学数据需要以一种广泛接受的规则进行统一存储和处理，以保证科学数据的共享和使用。数字学术为上述问题提供了有效解决途径。数字学术为上述问题提供了有效解决途径。在数字学术中，学者们不仅采用传统的研究方法，还结合数字技术进行数据采集、分析、可视化展示，甚至是全新的研究范式的创建。

包括但不限于以下几项。

(1) 数字人文研究

利用计算技术处理文本、图像、音频、视频等多媒体资料，进行量化分析、地理信息系统（GIS）、网络分析等各种复杂的研究探索。

(2) 开放获取与开放科学

通过互联网平台公开研究成果、数据和实验过程，促进学术信息的自由流通和重复利用。

(3) 科学数据管理

在研究过程中对产生的大量数据进行有效组织、存储和分享，确保数据的质量和长期保存。

(4) 学术出版与交流

采用数字化形式发表学术著作和论文，如电子期刊、开放获取期刊、数字图书馆等，并利用社交媒体、学术博客和在线论坛等方式进行实时学术交流与合作。

(5) 数字化研究工具与平台

开发和利用诸如文本挖掘工具、虚拟实验室、3D 建模软件等各种数字化工具来进行学术研究。

数字学术为开放科学的发展提供了技术基础和实现途径，其核心在于借助数字技术来扩展和深化学术研究的范围和深度，同时改变了学术研究的产出、传播和评价方式，从而对整个学术界产生深远的影响。

## 9. 开放研究

开放研究指整个研究过程以开放的方式进行，也就是任何人都可以在参与到整个研究过程中进行合作和贡献，包括从免费提供假设、实验室笔记和研究数据，到继续通过同行评议和开放获取出版过程，再到通过免费软件和开放教育材料进一步传播知识，所有研究项目内容、基础数据和方法都应按照可重复使用、公开分享和复制研究的条款免费提供。

开放式研究强调协作工作和共享，倡导整个研究周期的开放性，并在线免费提供研究方法、软件、代码和设备，以及使用说明。除基础研究数据（开放数据）外，开放式研究还包括在线免费提供出版物（开放获取）。数据和出版物等开放研究成果可以被任何人在线上免费下载并查看，支持复用和改编，从而产生新的研究成果、开发和创新。

开放研究的基本原则：提供开放获取的出版物；公开提供与出版物有关的基础数据；共享协议和方法；共享软件和代码；分享负面结果，以防不必要的重复研究；在可能的情况下，确立（档案）源材料数字化和共享的权利；对开放材料应用适当的许可，如知识共享；在整个工作流程中使用持久标识符，如 DOI 和 ORCID；利用在线工具帮助协作，包括博客、社交媒体、altmetrics、预印本服务器。

开放研究是开放科学的早期雏形，初步提出了在科研领域开展开放、合作、共享的基本架构和原则，相比之下，开放科学的内涵更为丰富，还包括公民科学等处理科研领域外部各种社会关系的内容。

## 二、开放获取

### 10. 学术期刊

学术期刊是一种定期出版的刊物,主要刊登来自学术界的研究论文、评论文章、案例报告等类型的文章,通常由专业的学术机构或出版公司出版。所刊登的文章通常会涵盖某个特定的学科或领域,并且经过严格的同行评议和编辑过程,以确保其质量和学术价值。第一批学术期刊起始于17世纪60年代,主要由欧洲各国科学院组织筹办,由英国皇家学会出版的《哲学汇刊》是第一种现代意义上的学术期刊。

学术期刊是推动学术交流和研究的重要平台,对于学科发展和知识传播具有重要的意义和作用。学术期刊具备4种基本功能,即注册登记、评估鉴定、传播、存档。注册登记功能,即表明特定作者的研究成果具有优先权(首发权)和所有权;评估鉴定,即通过同行评议、退稿来保证文章质量;传播功能,向其他学界同仁传递作者的观点;存档功能,即永久记录作者的研究成果。

我国的学术期刊由原国家新闻出版广电总局负责认定及清理(2018年改组为中华人民共和国国家广播电视总局),曾分别于2014年和2017年认定两批学术期刊。

### 11.《哲学汇刊》杂志

《哲学汇刊》创办于1665年3月6日,是世界上创刊最早、寿命最长、并有较高学术价值的一本学术期刊。

科学家之间的信息交流一直都是推动科学发展的必要条件。早期的科学家通常以书信的形式进行联络沟通。17 世纪，在英国及欧洲其他国家，自然科学研究者逐渐通过各种形式，形成一些以学术交流为基本宗旨的小团体，定期聚会，交流学术思想和研究发现，以英国皇家学会为代表的科学团体逐渐产生。为方便会员之间的信息沟通，英国皇家学会创办了《哲学汇刊》，创办者亨利·奥尔登伯格（Henry Oldenburg）等的初衷是创立一种科学家之间信息交流的新途径，以替代书信等传统交流方式。该期刊创立的同行评议等工作模式，成为后世学术期刊的通用准则。

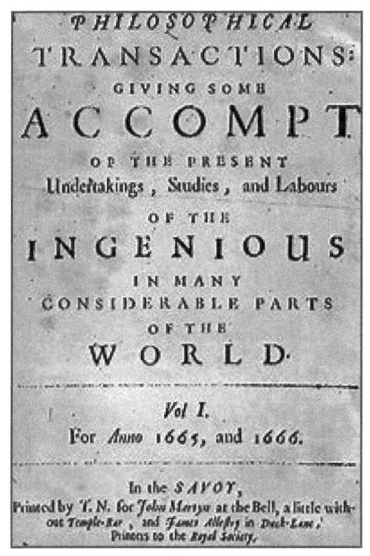

《哲学汇刊》（*Philosophical Transactions of the Royal Society*）创刊号

## 12. 科学引文索引

《科学引文索引》（Science Citation Index，SCI）是美国科学情报研究所（Institute for Scientific Information）所长尤金·加菲尔德（Eugene Garfield）于 1957 年在美国费城创办的国际性学术检索刊物，是当前世界自然科学领域基础理论学科方面的重要期刊文摘索引数据库。经多年不断发展，SCI 已成为当代世界最重要的大型数据库，被列在国际著名检索系统之首。

SCI以布拉德福文献分散定律和加菲尔德引文分析理论为基础,通过统计论文被引用频次等信息,对学术期刊和科研成果的影响力进行评价,进而被用于评判国家地区、科研单位、科研人员个人科研实力和学术水平。

SCI涵盖100多个学科领域,包括农业、生物及环境科学、工程技术及应用科学、医学与生命科学、物理学、化学、行为科学等。SCI期刊包括SCI核心和SCI-E两部分,主要收录文献的作者、题目、源期刊、摘要、关键词等信息,既可以从文献引用的角度评估文章的学术价值,也可以方便地浏览参考文献信息。

《科学引文索引》（SCI）

## 13. 工程索引

《工程索引》（The Engineering Index, EI）是美国工程信息公司（Engineering information Inc.）于1884年创办的工程技术类综合性检索刊物。EI在全球的学术界、工程界、信息界中享有盛誉,是科技界共同认可的重要检索工具。

EI重点收录工程技术各个领域的文献,包括动力、电工、电子、自动控制、矿冶、金属工艺、机械制造、土建、水利等,不收录纯理论科学和社会学方面的文献。EI 的收录范围已包括世界上几十个国家和地区 15 个语种的 3500 余种期刊和 1000 余种会议录、科技报告、标准、图书等出版物，年报道文献量 16 万余条。EI 每月出版 1 期，文摘 1.3 万～1.4 万条；每期附有主题索引与作者索引；每年另外出版年卷本和年度索引，年度索引还增加了作者单位索引。出版形式有印刷版（期刊形式）、电子版（磁带）及缩微胶片。EI 的收录形式有 3 种，包括被 EI 核心收录（EI Compendex 标引文摘）、非核心收录（EI Page One 题录）和会议论文，具有综合性强、资料来源广、地理覆盖面广、报道量大、报道质量高、权威性强等特点。

1923 年版《工程索引》（EI）

## 14. 科技会议录索引

科技会议录索引（Index to Scientific & Technical Proceedings，ISTP），现更名为科技会议文献引文索引（Conference Proceedings Citation Index，CPCI），因业内多习惯使用旧名称，以下仍称 ISTP。该索引由美国科学情报研究所 1978 年创刊，是一部综合性科技会议文献检索刊物，其出版形式包括印刷版期刊、光盘版及联机数据库。

ISTP以覆盖学科范围广，收录会议文献齐全，检索途径多，出版速度快著称。ISTP收录世界科技各领域内用各种文字出版的会议录文献，内容涵盖生命科学、物理、化学、农业、环境科学、临床医学、工程技术和应用科学等各个领域，其中工程技术与应用科学类文献约占35%，其他涉及学科基本与SCI相同。ISTP收录会议文献齐全，包括一般性会议、座谈会、研究会、讨论会、发表会等，每年报道最新出版的一万多种会议录中逾十七万篇论文，约占每年全球主要会议论文的80%~95%。ISTP的会议论文资料丰富，有会议信息（主题、日期、地点、赞助商）、论文资料（题目、作者、地址）、出版信息（出版商、地址、ISSN）。ISTP检索途径多、速度快，提供分类索引、著者/编者索引、会议主办单位索引、会议地点索引、轮排主题索引、著者所在单位索引或团体著者索引。ISTP出版时差短，从ISI收到材料到索引出版，仅6~8周。

## 15. 数字对象唯一标识符

数字对象唯一标识符（Digital Object Unique Identifier，DOI），可以理解为数字资源唯一的"身份证号码"，具有唯一性、永久性的特点，可用来标识文献、视频、报告或书籍等数字资源。起初，DOI是由美国出版商协会（AAP）在1998年创立的非营利组织"国际DOI基金会"创建和运行的，最初的目标是互联网知识产权保护，因为简单、方便、有效，在国际上迅速普及应用。

DOI 标志

目前，DOI 已成为一个完整的唯一标识符管理、技术、标准体系，成为国际出版界的事实标准。2010 年 11 月 15 日 DOI 系统（ISO 26324）通过 ISO 最终投票成为 ISO 标准（ISO TC46/SC9），2012 年 5 月出版印刷。全球各个 DOI 注册机构（RA）运行并通过 ISO 26324 标准认证、提供完整的 DOI 注册、解析及增值服务，包括著名的 CrossRef（用于注册英文 DOI）和国内的万方数据（用于注册中文 DOI）。出版机构则是 DOI 注册的主体，需要缴纳一定的会员年费，并为每篇文章的 DOI 缴纳一小笔费用（如 1 美元或 1 元人民币）。出版商将数字产品的 DOI、元数据和 URL 网址发给 DOI 注册机构进行注册。

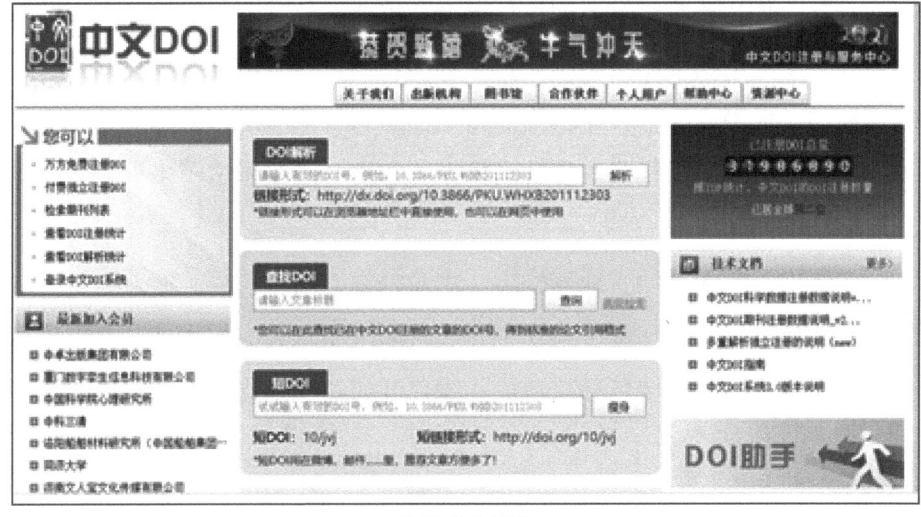

DOI 中文网站

目前，大部分学术文献（主要为 2000 年之后的文献）都有专属的 DOI，只要知道了一篇文献的 DOI，就能够查询到该文献的作者、标题、期刊、官方链接等信息。进而还可以借助其进行相关的科研评价，了解各个领域学术研究的热点、影响和趋势，以及研究者在本研究领域的影响力及最新研究成果等。

## 16. 开放获取

开放获取是指免费、即时、可在线提供研究成果（如期刊文章或图书），以及在数字环境中充分使用这些成果的权利。开放获取是一种新的学术交流模式，核心理念是在尊重作者权益的前提下，利用互联网技术，将学术文献、科研成果更加快速、高效地传播，使互联网用户可以免费获取。

开放获取理念在 2002 年由《布达佩斯开放获取倡议》首次提出。2003 年《关于科学与人文知识开放获取的柏林宣言》扩充了布达佩斯计划的内容，呼吁将科学发现和数据保存在免费的公共数据库中。开放获取运动在国际上呈现迅速发展态势，越来越多的机构和研究人员接受并支持这一运动。很多政府和科研机构发布了一系列政策和措施推动开放获取运动的发展，很多出版集团也表现出积极的态度，逐步采取了多种方式推动开放出版的实施。

在国内，空间科学、地球科学、生命科学、高能物理、农业科学、医学领域等学术领域，已逐步建立了开放获取机制及其应用生态，并形成了多种实践模式，包括金色开放获取、绿色开放获取、青铜开放获取等。

开放获取标志

## 17. 开放获取的主要类型

(1) 绿色开放获取（绿色 OA）

绿色开放获取又称自存档或延迟开放获取，作者可将成果提交到开放知识库中，实现成果的开放获取。通常是在文章发表一段时间后，在指定的机构知识库、中央知识库、个人及单位网站或其他开放获取网站中自存档一个供读者免费公开使用的版本。绿色开放获取一般由机构或非营利组织主导运营，作者不需要支付额外公开费用。但通常发表论文的出版商会给论文设立 6 ~ 24 个月的"禁止开放期"（embargo period），超过此期限之后，作者才可以通过在线数据库实现绿色开放获取。这一模式的优势在于达成开放获取目标的成本较低，同时，依然保持出版商为读者服务的商业模式，避免出版商为赚开放获取出版费而降低质量。

(2) 金色开放获取（金色 OA）

金色开放获取指作者直接在开放获取期刊上发表文章，文章发表的同时将在线上同步向公众免费开放。金色开放获取一般由出版社主导，通过向作者收取较高的文章处理费实现，作者则保留文章的版权。金色开放获取文章可以发表在完全开放获取期刊上，也可以发表在有开放获取选项的学术期刊上。在论文发表后，读者立即可以通过开放共享获得最终版本的论文，文献格式和内容都比较可靠，文献形式规范，有利于通过软件进行文本分析。金色开放获取模式有稳定的经费支持，因此具有较好的可持续性。

(3) "青铜"开放获取（青铜 OA）

"青铜"开放获取指部分文章不具有明确的开放获取许可，但可供公众在出版商网站上免费阅读。这些论文与资源由出版商主动选择向公众免费开放，无须作者支付费用。同时版权掌控在出版商手中，随时可选择撤销对这些内容的开放共享。这类论文被设为免费阅读的原因有很多，比如出版机构的通用政策（如时滞期满后）、为了某个特定目的（如使内容广受关注或应对突发健康危机）或基于临时的考虑，等等。有时候这些论文的开放获取是出版商主动所为（无须作者支付文章处理费或做其他事情），也有可能在订阅期刊里，某本期刊或某期刊的特定内容完全开放获取。在某些情况下，这些论文只可以在有限的时间内免费阅读。因此，"青铜"开放获取并非真正的或永久的开放获取。

(4)"黑色"开放获取（黑色 OA）

"黑色"开放获取指通过正规或者非法学术社交平台，免费获取学术论文的文献获取模式，普遍认为是一种不合规的开放获取方式。全球最大的盗版学术资源网站 Sci-hub 为"黑色"开放获取代表平台之一。这类组织认为科学知识应为每个人所用，应该消除一切阻碍人类知识传播的限制（包括取消科学和教育资源的知识产权）。因此，社会上诞生了一些未经作者或出版商许可即可免费下载大量科研文献的平台。一般认为，"黑色"开放获取不是一种可持续的开放获取发展路径，该方式严重损害了出版者的利益，也导致了由出版者、研究者、图书馆、读者等主客体组成的出版链条的断裂，这对于科学的持续发展极为不利。但是"黑色"开放获取的出现对处于垄断地位的出版商是一种冲击和触动，迫使出版商反思高额的订购费给知识传播带来的重重阻碍，从而在订购费的处理上做出些许让步。

网址：https://www.sci-hub.ee/

"黑色"开放获取型学术资源网站 Sci-hub

## 18. 转换协议

转换协议（Transformative Agreements，TA）是全球开放获取 2020 倡议（OA2020）的关键战略之一，在第 14 届柏林开放获取会议上得到了验证和接受，并得到了 S 计划资助者的认可。通过签订转换协议可以将订购支出转换为支持开放获取出版的费用。分析表明，期刊出版业已经有足够的资金来实现向开放获取的过渡，而且至少在成本上是可以接受的。转换性协议是加速向开放获取过渡的可行且有效的方法。转换协议注册中心（Efficiency and Standards for Article Charges，ESAC）登记了 300 多份此类转换协议，覆盖 40 多个国家/地区与 40 多家出版商，导致 2021 年超过 10 万篇 OA 论文的出版。

转换协议是机构和出版商之间的合同，旨在将目前主要基于订阅的期刊出版模式转变为完全的开放获取模式。转换协议源于马普学会数字图书馆 2015 年的一份白皮书，其中提出目前的投资情况（全球 100 亿美元）足以支持现有的出版结构转型为开放获取。转换协议可以在不改变整体市场结构的情况下，将部分订阅投资转为资助开放获取。通过 OA2020 的倡议，各机构承诺到 2020 年全面转向开放获取出版。在 S 联盟宣布支持转化协议作为研究人员的合规发表途径后，转换协议和开放获取模式受到了更加广泛的关注。

## 19. 预印本

预印本（Preprint）是指科研工作者的研究成果还未在正式出版物上发表，而出于和同行交流目的自愿先行在学术会议上或通过互联网公开发布的科研论文、科技报告等文章。作为非正式科学交流途径之一，预印本尝试绕开学术期刊所建立的严格同行评议制度，是对现有科学交流体系的补充和创新。

预印本通过全面公开透明的方式发布整个研究周期的内容，能够迅速广泛地分享科研成果。这种方式绕过了传统出版流程中可能出现的同行评审偏见及漫长等待期，确保了研究者能及时声明其成果的原创性。此外，它还促进了学术界的自由交流，使得论文能够接收到来自更广泛群体的反馈，进而帮助作者改进论文的质量。预印本还能记录并展示论文的不同版本及其演进过程，同时公开那些可能不被传统期刊接纳的信息（如异常或相互冲突的数据），从而使领域内的研究全景更加完整，并减少重复工作。预印本还有助于研究人员追踪最新的科学进展，激发新的创意。近期在生物学、医学、计算机科学和数学等领域的证据表明，预印本的使用显著增加了后续期刊文章的下载次数、学术影响力和社会关注程度。

预印本模式是开放获取的重要组成部分，二者在理念上具有高度的一致性，联系密切。两者都强调科研成果的公开性，预印本在网络平台上公开发布，开放获取则是在正式出版后确保所有人都能免费阅读。预印本的发布极大加快了科研成果的传播速度，而开放获取同样致力于缩短从研究到应用的时间周期。预印本通常是免费提供的，这也体现了开放获取的精神，即降低获取学术知识的成本，特别是对于没有足够资金购买学术资源的个人和机构。预印本在正式发表前就允许同行进行讨论和评论，与开放获取一起构成了更加开放和包容的学术交流环境。预印本服务与开放获取出版模式结合，科研成果能够更迅速、更广泛地影响学界及公众，进而促进科学发展和知识普及。

## 20. 预印本平台

预印本平台是指专门收集并公开预印本的研究成果共享平台。早在 1961—1967 年，在美国国立卫生研究院（National Institutes of Health, NIH）的支持下，由具有相同研究领域或共同兴趣的科学家组成的"信息交换小组"(Information Exchange Groups, IEGs)成为历史上首个非数字化的预印本平台。这个小组吸引了大约 3600 名研究人员参与，并产生了约 2500 篇预印本成果。

电子化的预印本平台始于 1991 年，当时物理学家 Paul Ginsparg 创建了全球首个正式的网络预印本平台 arXiv，主要用于发布高能物理学领域的预印本。随后，其他学科也相继建立了各自的预印本平台，如 2013 年生物领域的 bioRxiv 和 2019 年医学领域的 medRxiv。截至 2022 年 11 月，开放获取预印本存储库目录（Directory of Open Access Preprint Repositories）已列出了超过 90 个预印本平台。目前，国际上影响力较大的预印本平台除 arXiv、bioRxiv 和 medRxiv 外，还包括 F1000、figshare、SSRN 等。在中国，知名的预印本平台有中国科学院的 ChinaXiv 平台及中国科技论文在线等。

预印本平台与开放期刊在学术交流方面相辅相成、协同发展，已成为当今开放学术生态的重要交流方式。预印本平台和开放期刊的增长态势正在改变学术格局，并为各学科的合作与创新创造新的机会。

各类预印本平台

## 21. OSF 预印本平台

美国开放科学中心（Center for Open Science, COS），作为一个致力于推动科学共享与合作的非营利性组织，推出了 OSF Preprints 这一免费且开源的预印本服务平台。OSF 平台基于开放共享的理念，采用免费公开取用、典藏分享与及时传播的模式，面向全球学者开放注册和使用。OSF 平台由 3 个子平台构成：Preprints、Registries 与 Meetings，其中 OSF Preprints 平台特别提供跨多个预印本数据库的集成搜索功能，支持学者们上传与分享自己的研究成果。

OSF Preprints 平台汇聚了众多学科领域的预印本资源，包括 AgriXiv（农业科学）、arXiv（涵盖物理学、数学、计算机科学等）、bioRxiv（生物学）、BITSS（社会科学）、Cogprints、EarthArXiv（地球科学）、engrXiv（工程学）等，为研究者提供了一个全面的研究资源搜索和发现工具。此外，该平台还整合了 FocUS Archive、INA-Rxiv、LawArXiv、LIS Scholarship Archive（图书馆信息学）、MindRxiv、NutriXiv、PaleorXiv、PeerJ、Preprints.org、PsyArXiv（心理学）、RePEc（经济学）、SocArXiv、SportRxiv 及 Thesis Commons 等多个数据库，极大地丰富了学术资源的可获取性。

OSF Preprints 的搜索界面设计简洁直观，用户仅需在搜索框中输入关键词，即可检索到跨学科的研究文章。用户还可以根据需求选择特定的预印本数据库和学科领域进行筛选，并通过相关性或上传日期对结果进行排序。虽然搜索结果提供了文章摘要以供初步评估，但要访问完整的资料内容，用户需要通过链接跳转至相应的数据库。

网址：https://osf.io/preprints/

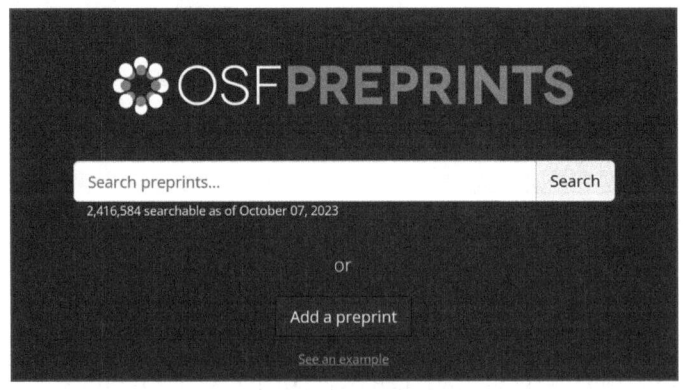

OSF Preprints 平台

## 22. 社会科学研究网

社会科学研究网（Social Science Research Network, SSRN）是一个专为快速传播社会科学、人文科学、生命科学和健康科学等领域学术研究而设的预印本储存库和在线学术交流平台。该平台由金融经济学家 Michael C. Jensen 和 Wayne Marr 创建于 1994 年，由多个社会科学分支研究网络组成，覆盖了广泛的社会科学门类，包括经济学、法学、公司治理和人文学科。

作为与 arXiv 相呼应的社会科学领域预印本平台，SSRN 收录了社会科学多个学科的主题预印本资源，而非专注于单一学科的发展。这一策略使其在社会科学界获得了广泛的认可。2016 年 5 月 17 日，全球领先的科学出版商爱思唯尔公司（Elsevier）收购了 SSRN，以此作为其开放获取战略的一部分。自此之后，SSRN 逐步从一个特定的社会科学平台向一个综合性的多学科平台转型。截至 2023 年 10 月，SSRN 平台上共有来自 70 个不同学科的 140 万多名研究人员贡献了 128 万余篇研究论文。这些努力极大地促进了开放科学环境下的学术成果交流与共享。

为了更好地支持开放科学，SSRN 设置了"First Look"这一期刊预印本专区。作者在向合作期刊提交稿件时可选择将稿件同步上传至 SSRN 的期刊预印本专区，以未经过同行评议的预印本的形式，尽早地分享他们的临床及研究成果。在促进研究成果尽早地公开传播的同时，也可以促进合作和尽早引用。目前已有包括《柳叶刀》《细胞》等超过 22 种爱思唯尔旗下期刊支持 SSRN 的 First Look 服务。

网址：www.elsevier.cn/products/ssrn-preprint-services/

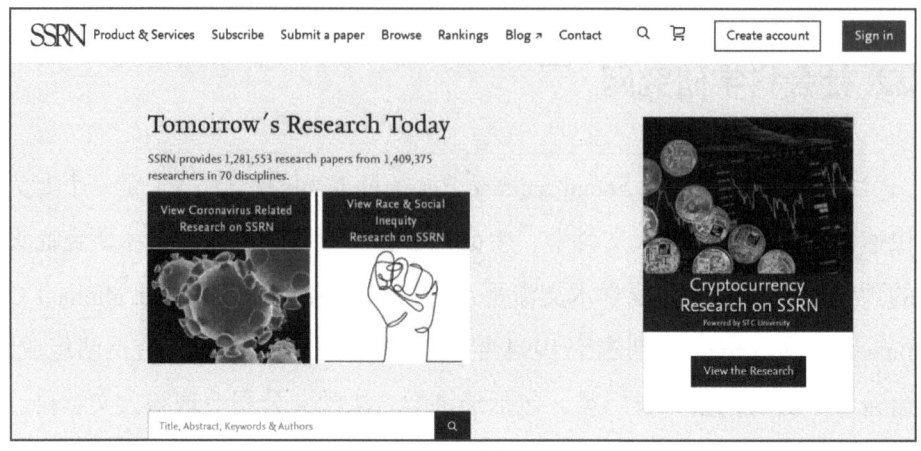

SSRN 平台

## 23. 爱思唯尔开放获取

爱思唯尔（Elsevier）是一家全球领先的科学和医学类出版商，创办于 1880 年，属于 RELX 集团，总部位于阿姆斯特丹。爱思唯尔旗下有 2700 种期刊，涉及医疗保健、生命科学、物理科学与工程、社会科学与人文科学等，绝大多数支持开放获取，其中便包括国际知名的开放期刊《细胞》、《柳叶刀》及 Nature 等。据统计，爱思唯尔旗下的 2700 余种期刊中超过 97% 支持金色开放获取出版，其中包括 600 余种完全开放获取期刊。在金色开放获取模式下，作者需要支付一笔文章处理费，文章一旦发表便即刻、永久且免费供任何一位读者访问、阅读和引用。同时，全部订阅期刊均提供绿色开放获取选项，即在时滞期结束后，作者可以将文章分享到其他存储平台，以便读者免费获取。

从 2018 年起，爱思唯尔相继与多个国家与机构签署了开放获取转换协议，包括芬兰、挪威、波兰、匈牙利、瑞典、法国、瑞士、爱尔兰、卡塔尔、韩国、荷兰，以及众多独立机构，如加州大学、佛罗里达大学、卡内基梅隆大学和加利福尼亚州立大学等，允许他们的研究人员在无须缴纳文章处理费的情况下发表开放获取的文章。此外，爱思唯尔至今已为生命科学期刊文献数据库 PubMed Center 提供超过 26 万篇文章，供公众免费阅览。

网址：https://www.elsevier.com/open-access

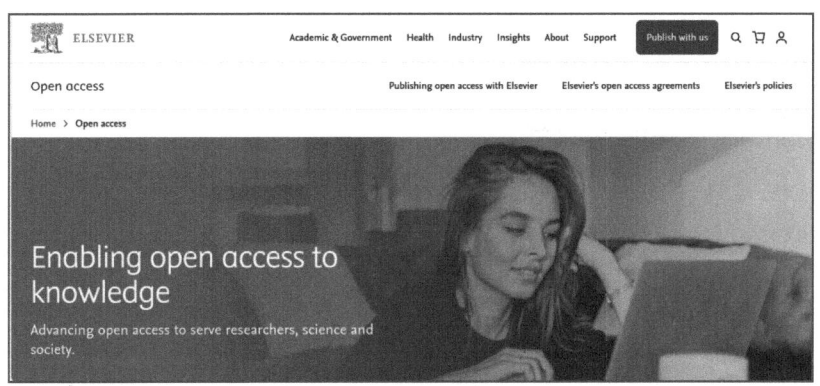

Elsevier 开放获取平台

## 24. 开放获取知识库登记名录

开放获取知识库登记名录（Registry of Open Access Repositories，ROAR）是一个开放获取机构登记注册知识库的网站，专门收录开放获取知识库和机构典藏库，由英国南安普敦大学的 Tim Brody 编制维护。该平台旨在推广开放获取运动的发展，通过及时提供关于世界各地开放获取知识库增长和状况的信息，以及全球各地开放获取知识库的增长和现状信息，促进学术资源的开放、免费获取和广泛传播。截至 2024 年 8 月，ROAR 已收录有研究机构、电子期刊、研究数据等各种类型的机构知识库 5660 多个。成为衡量全球开放获取运动发展状况的重要指标之一，对于推动学术信息资源的开放获取起到了积极作用。

ROAR 的主要功能包括以下几种。

（1）收集和整理信息

收集和整理全球各类开放获取知识库的元数据信息，如知识库名称、所在机构、托管服务、包含的内容类型（如学术论文、会议记录、学位论文等）及其数量、更新状态等。

### (2) 提供知识库资源与快速检索

提供用户可通过国家、内容类型、所使用软件的类型来浏览所需要的机构开放知识库资源，提供快速检索功能，方便研究人员、学者和公众查找和利用已公开的学术资源。

### (3) 监测和报告发展趋势

监测和报告全球开放获取知识库的发展趋势，为政策制定者、图书馆员和学术社群提供决策支持和参考依据。

网址：http://roar.eprints.org/

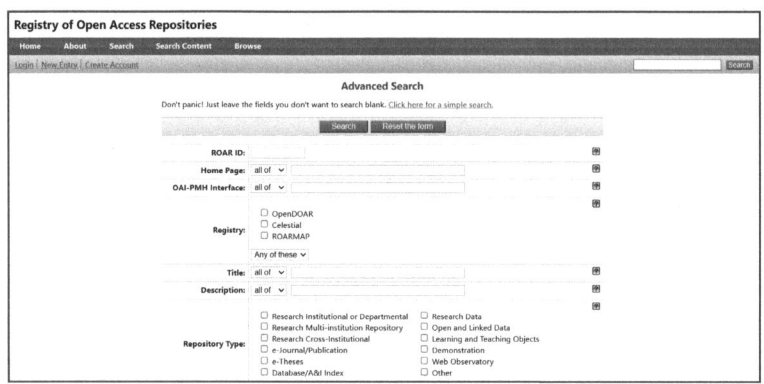

开放获取知识库登记名录

## 25. 开放获取知识库目录

开放获取知识库目录（Open Directory of Open Access Repositories，Open DOAR）是由英国的诺丁汉大学和瑞典的伦德大学图书馆于2005年2月共同创建的开放获取知识库检索系统，提供全球高品质开放获取信息资源库清单。OpenDOAR 是开放获取期刊目录（Directory of Open Access Journals，DOAJ）的姊妹项目。

OpenDOAR 目前收录有5879个开放获取知识库，其中包括中国科学院及下属各研究机构、清华大学、北京大学、厦门大学、香港大学、澳门大学等123所机构知识库。用户可以通过机构名称、国别、学科主题、资料类型等途径检索和使用这些仓储中各种类型的学术信息资源（期刊论文、会议论文、学位论文、技术报告、专利、学习对象、多媒体、数据集、研究手稿、预印本等）。OpenDOAR对开放获取知识库的认定与收录有一套明确的审核标准，包括网站必须有可用的开放访问内容、必须可供全球任何网络用户可靠地访问、必须包含学术成果项目和/或具有足够元数据或文档以使材料可重复使用的学术资源、网站不得是电子期刊或实体期刊组合的门户、不得是仅包含指向外部网站上开放访问内容的链接的聚合器、不得是图书馆目录或本地可访问电子书的集合等。

网址：https://v2.sherpa.ac.uk/opendoar/

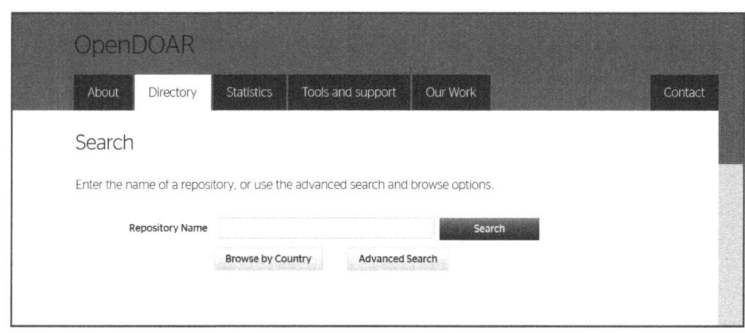

开放获取知识库目录

## 26. 中国"开放科学计划"

中国的"开放科学计划"（Open Science Identity，OSID）是由中国编辑学会出版融合编辑专业委员会和国家新闻出版署出版融合发展（武汉）重点实验室共同发起的一项开放科学公益计划，旨在推动国内学术期刊的出版融合发展，促进学术成果的传播与交流，提升学术期刊的创新能力，并扩大论文及期刊的学术影响力。

OSID开放科学计划构建了一个支持学术期刊开展开放科学和媒体融合的系统框架，其中包括：SAYS开放科学与媒体融合工具包、学术期刊融合出版能力提升计划项目、学术期刊出版融合技术编辑创新大赛、媒体融合系列培训讲座和学术沙龙等。

这些举措共同促进了学术出版领域的开放性和创新性。OSID平台支持上传语音、视频、数据等增强出版素材,全面展示作者的科研论文成果、研究背景和研究过程,弥补纸刊载体的局限,并可与行业内相关研究领域的其他研究人员交流互动,提升论文的关注度,扩大论文和作者的影响力,拓展学术人脉与资源。读者通过微信扫描论文上的OSID码,即可看到作者对文章的介绍,作者上传的论文相关内容,并可向作者提问,或针对有探讨价值之处与作者进一步互动沟通。

网址:https://www.osid.org.cn/

OSID开放科学计划网站

## 27. Wellcome Open Research 开放获取平台

Wellcome Open Research是生物医学研究资助基金组织Wellcome基金会于2016年末推出的开放获取期刊线上平台,专门用于发表该基金会资助的研究项目所产出的论文,由F1000平台团队负责运营。该平台以开放数据和开放同行评议为基础,侧重研究水平指标,而不是期刊影响因子,以帮助推进研究评估的变化。Wellcome Open Research在过去六年中实力不断壮大,平台上发表的论文数量从2017年的121篇上升到2021年的363篇和2022年的315篇。目前占Wellcome资助的所有金色开放获取文章的 6%，是 Wellcome 研究人员的首选发表场所之一。至今已有来自超过 1400 个不同机构和 110 个不同国家的 9000 多名作者在该平台上发表了他们的研究。总计 1500 多篇文章涵盖了健康研究的全部领域，包括传染病、气候与健康、心理健康等。

Wellcome Open Research 鼓励研究人员分享他们认为有价值的所有研究成果，不仅支持成功的研究成果上传分享，也支持论证无效或失败的研究结果出版。该平台共支持 11 种不同的文章类型的发表，除传统研究文章类型之外，还支持如数据注释和研究协议等非传统文章类型的共享，为作者提供了灵活性发布所有结果、工具、方法和观察结果的渠道，使研究人员能够在研究项目的每个阶段发表他们的工作成果。

Wellcome Open Research 具有预印本平台的特点，拥有发布速度快、出版周期短的独特优势。文章上传后需要通过严格的编辑检查和 FAIR 数据筛查并提供快速出版，通过邀请和开放同行评议、电子存储和索引确保质量和透明度。据统计，大多数文章可在提交后 26 天内在平台发表，并在大约 21 天后收到第一份同行评议报告。一旦一篇文章从审稿人那里获得了两个"批准"状态（或一个"批准"和两个"有保留的批准"状态），文章就会被提交到 PubMed、Scopus 和其他书目数据库中进行索引。从提交到文章通过同行评议的时间周期中位数仅 94 天。

网址：https://wellcomeopenresearch.org/

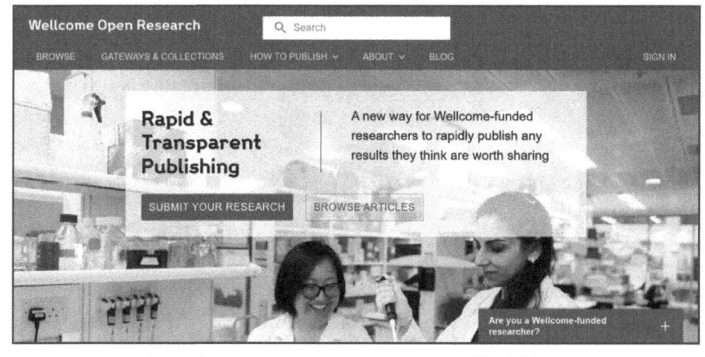

Wellcome Open Research 开放获取平台

## 28. 韩国学术出版物开放平台

韩国学术出版物开放平台（Korea Science）于1977年创建，是韩国科技领域学术出版物的开放平台，由韩国科技信息研究所（Korea Institute of Science and Technology Information，KISTI）开发和管理。Korea Science平台向所有人提供自然科学、生命科学、工程、社会科学及人文领域的研究成果，为世界各地研究人员提供了一个轻松访问韩国学术文章和资源的窗口。

目前Korea Science平台收录了来自901个本土出版机构1746种学术期刊共计1 665 711篇开放获取学术文章。用户可以根据文章标题、期刊名称及图表的关键词进行简单检索，也可以通过高级检索找到目标内容。文章的类型主要分为期刊、杂志及会议论文。每篇文章均可全文下载，文章页面也提供了包含DOI链接、文章摘要、关键词、资助信息、参考文献等信息板块，方便读者利用。

Korea Science平台的特色服务之一是归纳了出版物各年份的数据，包括期刊属性、学科分布、创刊年份、出版频率、出版语言、开放获取等方面内容，可以帮助作者快速了解出版物和出版商的情况。

网址：https://koreascience.kr/

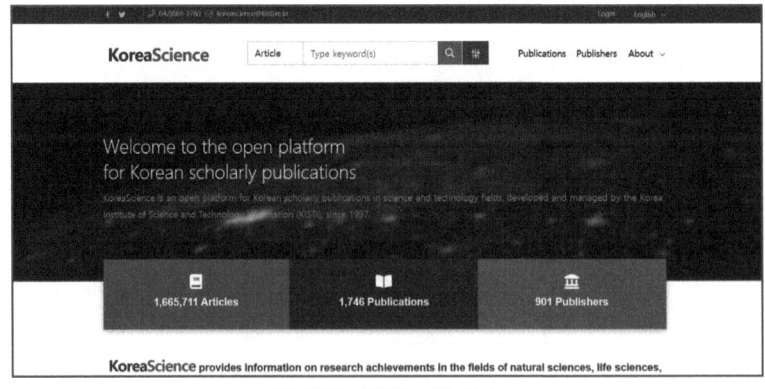

韩国学术出版物开放平台

## 29. 德国汉堡开放科学平台

德国汉堡开放科学（Hamburg Open Science，HOS）平台是汉堡开放科学计划项目资助的项目之一，其目的是使汉堡的公共资助研究出版物和研究数据免费向公众开放，并助力德国学术界的开放科学文化变革。该项目由汉堡大学（UHH）、汉堡-哈尔堡工业大学（TUHH）等8所高校及科研机构联合科学研究地区平等管理局（BWFGB）共同实施。其互联网门户网站于2020年10月起上线，由汉堡卡尔·冯·奥西茨基国立和大学图书馆（SUB）负责协调运营。2020年11月，在汉堡开放科学网站上可以找到包括汉堡大学、汉堡工业大学、汉堡港城大学等在内的17个机构的10万多篇出版物与科研数据，向公众提供汉堡的公共资助研究出版物和研究数据。

网址：https://openscience.hamburg.de/

德国汉堡开放科学平台

## 30. 爱丁堡大学开放教育资源平台

爱丁堡大学开放教育资源平台（Open Education Resources The University

of Edinburgh，Open.Ed）是爱丁堡大学建立的一个专门面向教育的开放资源线上平台，主要向公众免费提供教学和学习的数字资源。Open.Ed 主要提供三大类别的开放资源。

（1）普及类的资源（For the Common Good）

建立教学支持框架，使得爱丁堡大学的任何成员都能在网上发布和分享他们作为大学日常工作的一部分而创建的开放式教育资源和教学材料。同时，该板块内容也支持爱丁堡大学的成员寻找和使用在大学内外开发的高质量教学材料。

（2）爱丁堡大学优质教学资源（Edinburgh at its best）

公开发布机构高质量的学习和教学资源。整理各学部和研究所内的高质量学习资料集，在网上发布以便所有人灵活使用，以开放课件的形式开放（如录制的高规格活动、值得关注的讲座、慕课课程内容等），从而促进大学声誉的提升。

（3）开放数字馆藏资源（Edinburgh's Treasures）

筛选出高质量的跨学科材料、档案、珍品、博物馆资源的主要收藏，将其进行数字化、策展和资源共享，从而为公众参与学习、教学和研究做出重大贡献。

网址：https://open.ed.ac.uk/

爱丁堡大学开放教育资源平台

## 31. 中国科技期刊卓越行动计划

中国科技期刊卓越行动计划（简称"卓越计划"）是中国为提升国内科技期刊的国际影响力和学术水平，于 2019 年启动的一项国家级战略计划。该计划由七部门联合实施，包括中国科协、中宣部、教育部、科技部、财政部、中国科学院和中国工程院，旨在通过系统构建科技期刊支持体系，遴选并重点培育一批优秀科技期刊，同时推进期刊出版、运营、评价机制的改革。

卓越计划以 5 年为一个周期滚动实施。第一期（2019—2023 年）已显著提升了中国科技期刊的国际排名，154 种期刊进入国际学科排名前 25%，15 种期刊排名第一，4 种期刊进入全球百强。多数受到资助的期刊实行了开放获取出版模式，打破了传统订阅制下的知识传播壁垒，符合开放科学促进知识无门槛传播的基本原则。因此，卓越计划可以视为开放科学在中国的重要实践，推动中国科技期刊与国际接轨，在办刊理念、编辑规范、审稿制度等方面达到国际一流水平，有助于中国的科研成果无障碍地走向世界，促进国际科研交流与合作。2024 年启动的二期项目（2024—2028 年），将重点扩大单刊支持、推进集群发展与平台建设，以及完善办刊人才培养体系，以解决中国高影响力期刊数量不足等问题，加快一流期刊建设。

卓越计划有助于构建更加健康和可持续发展的科研出版生态，实现中国科技期刊的"双回流"目标，即吸引国内外优秀科研成果在中国期刊上发表，吸引国际读者和作者群体。卓越计划将持续推动中国科技期刊的国际化和现代化，提高在全球科研出版领域中的地位，为全球科研人员提供更多高质量的学术交流平台。

## 32. 中国科学院 GoOA 平台

GoOA 开放期刊投稿推荐与论文一站式发现平台是由中国科学院支

持、中国科学院文献情报中心负责建设运行的全球优质开放论文平台。GoOA 于 2014 年正式上线，目前共收录超过 3660 种期刊，学科领域主要涉及自然科学领域及部分社会科学领域。

GoOA 长期专注于推荐高质量开放获取科技期刊和汇聚全球优质开放获取期刊论文。为科研人员提供优质论文内容服务，督促开放获取期刊规范化与良性发展。GoOA 制定了严格的期刊遴选收录标准，每年度对期刊进行资格审核，2022 年更是从全球近 2 万种开放获取期刊中遴选收录仅约 20% 的优质开放获取期刊。另外，对收录期刊的所有论文进行本地化集成、高细粒度组织，提供知识发现服务、知识分析服务；基于量化和专家评议结合的期刊评价体系对收录期刊进行分级评估、投稿推荐。随着 GoOA 影响力与合作不断扩大，截止到 2022 年年底，共有 25 家出版社与 GoOA 签署论文数据合作协议，基本覆盖全球主要知名出版商；55 家研究所、119 家高校及 7 家公共图书馆等在网站上将 GoOA 作为推荐数据库进行收录。

GoOA 每年还发布《年度 OA 期刊排行榜报告》，以 GoOA 收录的期刊为数据源，展示年度全球 STM（Science，Technology，Medicine）领域高质量开放获取期刊的评价评估结果，以及 TOP 开放获取期刊排行榜单。截至目前，GoOA 年度开放获取期刊排行榜报告已发布 7 期。

网址：http://gooa.las.ac.cn/

GoOA 平台

## 33. 中国科学院科技论文预发布平台

ChinaXiv 是国内第一个按国际通行模式规范运营的预印本平台，存缴和已发表科学论文的开放存档平台，由中国科学院文献情报中心在中国科学院科学传播局支持下于 2016 年建设，并按国际通行规范运营。ChinaXiv 以"学界主导，公益服务，高效交流，开放传播"为宗旨，致力于打造支撑国内外学术团体构建新型学术交流体系的国家级预印本交流基础设施，助力科研机构建立本领域的开放科学基础设施，助力传统科技期刊面向开放科学服务模式转型发展。

2022 年，ChinaXiv 发布 2.0 版本，国际化和互联互通水平显著提升。平台中英文新版页面上线，建设 ChinaXiv-Global 全球预印本索引，开发开放评议、论文备注功能，为全部预印本注册科技资源标识 CSTR，与中国科学院数字化平台项目的 SciEngine、ScienceDB、CSCD 进行对接，嵌入文字校对、论文润色等第三方论文服务。同时在此基础上，支持预印本开放评议、论文投稿推荐。

当前，ChinaXiv 平台面向不同的用户群体提供多类型服务，科研人员可通过平台实现成果快速发布、持续更新版本、发起同行评议及获取最新成果。科研机构可通过平台建立本领域的预印本平台，提升学术话语权和机构影响力。面向期刊出版，平台支持出台预印本政策，合作约稿与优先选稿及建立预印本仓储。学会协会可通过平台建立会议论文预印本仓储，发布学术会议和会员招募推广。图书馆可通过平台提供免费开放资源和全球预印本论文索引发现服务。

网址：https://chinaxiv.org/

ChinaXiv 平台

## 34. 国家科技期刊开放平台

国家科技期刊开放平台是我国科技期刊集中开放获取平台，由科技部委托中国科学技术信息研究所负责实施，于 2018 年投入线上运营。平台已服务了数以万计的学者公众，全力推进我国科技论文的传播利用与科技期刊的开放共享。

国家科技期刊开放平台以"公益普惠、开放共享、权威精品"为定位，以开放整合国内科技期刊为途径，汇聚国内千余种学术期刊，其中核心期刊占比超 70%，学科分布遍及理、工、农、医四大科技领域，收录期刊论文超 997 万篇，面向公众免费开放，提供即时的一站式获取服务。平台还收录了"中国科学引文索引"数据库，该数据库汇集 2000 年以来超过 6000 种中文学术期刊的论文引文全量数据，能即时展示期刊收录和引用情况，动态查询期刊的历年影响因子、引用频次、H 指数和高被引指标等。可检索浏览《中国高被引分析报告》《中国期刊引证报告（扩刊版）》全书。

普通用户可免费获取论文在线阅读和全文下载服务，平台还提供期刊的关键词分析、年度发文量趋势、年度被引趋势、年度影响因子趋势、年度发文机构统计、期刊近十年学科分布等情况。学术期刊加入平台，可以拓展期刊论文的传播渠道，增强期刊影响力，还可以免费获得中国科学引文索引数据库的使用权，及时掌握期刊的引证指标。

网址：https://doaj.istic.ac.cn

国家科技期刊开放平台

## 35. 科学出版社 SciEngine 平台

SciEngine 科技期刊全流程数字出版与知识服务平台是由中国科技出版传媒股份有限公司（科学出版社）开发的科技期刊出版服务平台，2016年4月上线开始运营。平台从国家战略和期刊需求出发，以高效、准确、细致、灵活为设计理念，旨在打造国家高端科研论文和科技信息的交流平台。截至目前，平台集聚期刊 430 余种，刊载文章近 38 万余篇，总访问量超过 3800 余万次，使用投审稿、生产出版等全流程服务的期刊编辑部 50 余家。SciEngine 平台积极推动构建开放创新生态体系，已经实现了基于自主平台的开放获取出版和开放数据出版，承载开放获取期刊 150 余种，开放获取论文 5 万余篇。

在 SciEngine 平台的新版本 V3.0 中，特别集成 SciEngine Open Access 开

放获取期刊集群，针对开放获取期刊建设了聚集化页面，方便用户对开放获取内容的查找和访问，加快开放科学建设。同时新发布 SciPrePrint 预印本平台，为科研工作者提供与传统期刊论文出版方式互补的新型学术交流平台。作者在完成论文初稿后，上传到 SciPrePrint 平台，经过系统自动查重和人工审核通过后，即可快速在线发表供读者浏览，同时平台支持一键向 SciCloud 投审稿系统快速投稿。SciPrePrint 预印本平台上的每篇发表的文章都可以拥有唯一的 DOI，文章在正式发表后，可以添加正式发表的链接地址。

网址：https://www.sciengine.com/

科学出版社 SciEngine 平台

## 36. 高教社 Frontiers 平台

中国学术前沿期刊网（Frontiers 平台）是高等教育出版社《前沿》（*Frontiers*）系列英文学术期刊的内容发布平台，该平台注重开放性、标准化与国际化，提供面向全球用户的访问服务。

《前沿》系列英文学术期刊由教育部主管、高等教育出版社主办和出版，于 2006 年正式创刊，以网络版和印刷版形式面向全球发行。*Frontiers* 系列期刊涉及基础科学、生命科学、工程技术和人文社会科学等领域，是目前国内覆盖学科最广的英文学术期刊群。目前已有 13 种期刊被 SCI 收录，其他期刊也被 AHCI、EI 等国际权威检索系统收录，学术影响力持续提升。8 种期刊入选"中国科技期刊卓越行动计划"领军、重点或梯队期刊。为惠及更多科技工作者，助力高校"双一流"建设，践行服务好国家高水平科技自立自强的职责使命，高等教育出版社决定免费开放《前沿》系列英文学术期刊数据库。自 2022 年 1 月 1 日起，国内用户可通过"中国学术前沿期刊网"自由访问 28 种期刊自创刊以来出版的所有文章。

中国学术前沿期刊网采用 Just Accepted、Online First、Issue 三种版本更替上网机制，在保证论文学术质量的前提下实现即时发布、快速传播；在遵循国际开放标准的结构化全文数据的基础上，提升对图表及参考文献的处理能力；实时提供包含浏览、引用、分享和讨论的单篇论文评价数据；努力与作者写作环境融合；与国内外第三方平台广泛合作，努力提升学术论文的可见度。

网址：http://journal.hep.com.cn

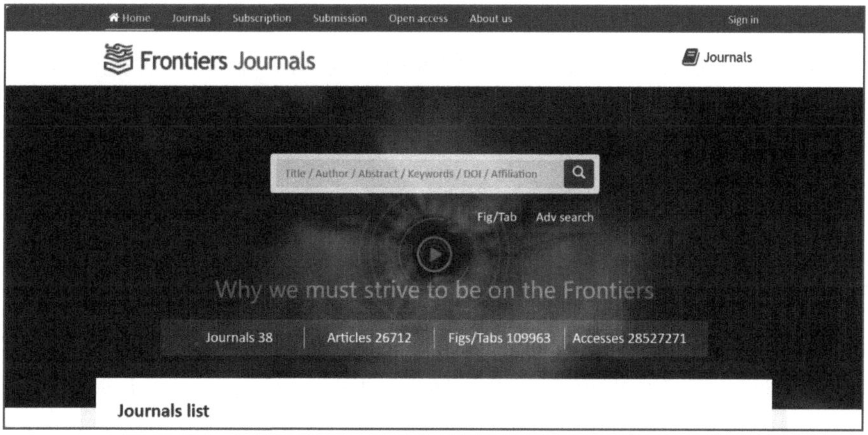

中国学术前沿期刊网

## 37. 中国开放获取推介周

中国开放获取推介周（China OA Week）是由中国科学院文献情报中心创立并主办的开放获取推介活动，响应国际开放获取周（Open Access

Week）宗旨开设。其目的是向科学界和学术界进一步宣传介绍开放获取的益处，分享参与开放获取的经验，并推动科学界参与开放获取。China OA Week 成为目前国内开放获取领域规模最大、内容最丰富、学术水平最高的盛会，是该领域展示新成果、推广新理念、交流新经验、寻求合作共享的重要平台。

首届 China OA Week 于 2012 年举办，每年 10 月第 3 周与国际 Open Access Week 同期举办，直至 2021 年共连续举办十届活动。历经 10 年发展，China OA Week 主题不断丰富，影响范围持续扩大，成为国内外科技界、文献情报界、出版界、科研管理机构共同讨论开放获取、开放科学的主要论坛，也是中国向世界展现开放科学最新进展的重要窗口。

## 38. 全球开放获取门户

全球开放获取门户（Global Open Access Portal，GOAP）是联合国教科文组织与 Redalyc、印度统计研究所和 AmeliCA 合作开发的全球性开放获取资源存储库网站，秉承"开放"与"包容"理念，用于跟踪并介绍各个国家的开放获取进展。

GOAP 提供对全球各种开放获取资源的无缝访问，并支持用户基于文本及基于国家地图的搜索方式，浏览各国开放获取内容动态。重点介绍了世界 166 个国家的主要开放获取举措、任务、活动和出版物。GOAP 还对重要资源进行了整理聚合，提供如开放期刊、Covid-19、大数据和人工智能等热门域名的存储库、文章和常见问题解答。此外，GOAP 还公布了一套非商业开放获取工作流程，通过提供基于 XML 技术和 JATS（journal article tag suite）数据标准的知识共享来推进非营利性学术出版模式的可持续发展。GOAP 还在网站上提供了基于 LMS（Learning Management System）学习管理系统环境的开放获取相关知识的教育资源，便于研究人员学习与授课使用。

网址：https://www.goap.info/

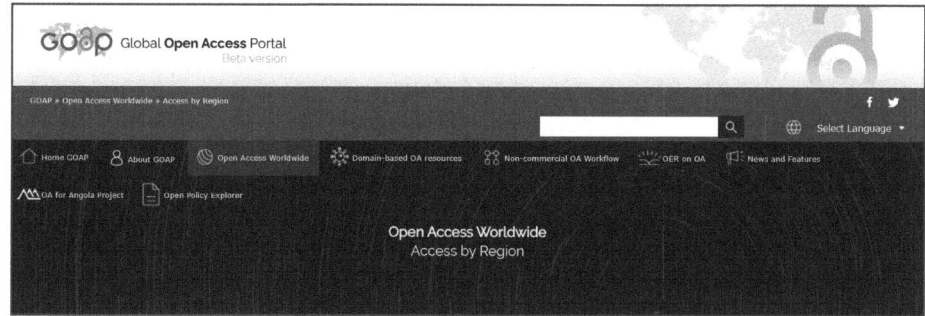

全球开放获取门户

## 三、开放数据

### 39. 科学数据

科学数据是指在自然科学、工程技术科学等领域，通过基础研究、应用研究、试验开发等产生的数据，以及通过观测监测、考察调查、检验检测等方式取得并用于科学研究活动的原始数据及其衍生数据。科学数据是科学研究的基础，用于验证或推翻科学假设、理论或模型。

科学数据通常是通过观测、实验或测量获得的数据，可以是定量的，如测量的数值或统计数据；也可以是定性的，如描述性的文字或图像。科学数据具有一定的精确性和可靠性，以确保研究的可重复性和可验证性。科学数据的收集和记录过程需要遵循科学方法和标准，以减少误差和偏差。科学数据的格式和结构应该适合于使用各种统计、数学和计算方法进行处理。

科学数据的类型多样，包括实验数据、观测数据、调查数据、模拟数据等，不同类型的数据可能需要不同的处理和分析方法。科学数据的来源包括实验室实验、野外观测、调查问卷、传感器监测等，不同来源的数据可能具有不同的特点和限制。科学数据可以是小规模的，如个别实验结果或样本调查数据，也可以是大规模的，如遥感数据、基因组数据、社交网络数据等。科学数据的共享和开放是科学研究的重要原则之一，即是否可以被其他科学家和研究者使用和访问。

科学数据的重要性不可忽视，它是推动科技进步的关键资源之一。科学数据能够反映客观世界的本质、特征、变化规律，是网络时代重要的学术资源，在科学研究中发挥着重要的作用。科学数据的积累是科研活动不断发展的重要基础，是科技创新、经济发展和国家安全的重要战略资源，也是政府部门制定政策、进行科学决策的重要依据。

## 40. 科学数据汇交

科学数据汇交是指将科学数据整理后，按照规定的方式向科学数据管理机构进行提交的行为。科学数据汇交的重要性在于提高科学研究的可重复性和可验证性，促进科学发现和创新，同时为科学家和研究者提供了更多的数据资源和合作机会。

科学数据汇交内容主要包括科技项目执行过程中产生的科学数据实体、科学数据描述信息和科学数据辅助工具软件。

（1）科学数据实体

科学数据实体指科技计划形成的原始数据及基于原始数据或研究分析数据所形成的完整数据库或数据文件。数据库是结构化的数字对象的表述，可以是通用的数据库格式也可以是专用的数据库格式。数据文件是非结构化的一个或多个数字对象的集合。

（2）科学数据描述信息

科学数据必须提供相应的描述信息，包括数据集的元数据信息与说明文档等。

（3）科学数据辅助工具软件

科技计划形成的用于科学数据处理、加工和分析的专门辅助软件工具等。

按照国务院《科学数据管理办法》，政府预算资金资助的各级科技计划（专项、基金等）项目所形成的科学数据，应由项目牵头单位汇交到相关科学数据中心。社会资金资助形成的涉及国家秘密、国家安全和社会公共利益的科学数据必须按照有关规定予以汇交。

开展科技计划项目科学数据汇交，规范科学数据的汇交管理、长期保存和共享应用，将有效解决科学数据分散重复的问题，促进科学数据的流转、利用和增值，推动科学研究和科技成果产出，提升数据生产者和持有者的影响力，极大发挥国家财政投入产出效益。

科学数据汇交工作有利于提升我国科学数据管理水平和利用能力，保障国家科学数据安全，推动科学数据开放共享，更好发挥科学数据作为国家科技创新和经济社会发展重要基础性战略资源的支撑服务作用。

## 41. 科学数据标准体系

科学数据标准是科学数据长期获取、处理、保藏、加工，以及可持续访问和共享利用的基础。科学数据标准化的程度也是衡量世界各国积累和有效利用科学数据资源水平的一个重要指标。

当前，我国学术科学数据标准体系由 8 个部分组成，具体包括：定义与指南标准、科学数据描述标准、科学数据采集处理标准、科学数据汇交标准、科学数据保存与维护标准、科学数据共享服务标准、科学数据评估评价标准、科学数据安全标准等分体系。

在标准体系的整体控制下，可以有步骤地按轻重缓急解决各类科学数据标准问题，从而把科学数据面临的短期标准制修订问题和长期系列标准维护问题融为一体，达到稳步提高科学数据管理的标准化程度的目的，并提高不同科学数据中心之间、科学数据中心与行业数据中心之间的标准兼容性。

为了推动科学数据在全生命周期内的合规使用和有效保护，满足科技创新对科学数据的管理需求，2022 年 4 月，中国信息协会正式启动了《科学数据 安全标准体系》等 15 项科学数据相关团体标准的研制工作，目前已正式发布并实施。通用标准方面，包括安全标准体系、安全管理、能力成熟度模型、安全分类分级、安全防护要求、云平台和云存储运维和服务等方面。特定应用领域标准方面，包括农业、微生物、海洋、空间、生态系统等方面。

## 42. 元数据

元数据（Metadata）是关于数据的数据，是为了描述数据的相关信息而存在的数据。元数据不仅表示数据的类型、名称、值等信息，还可以理解为是一组用来描述数据的信息组/数据组，该信息组/数据组可以用来描述数据的各个方面和特征，如数据的来源、数据的类型、数据的结构、数据的属性等。

元数据能够帮助人们识别信息资源、评价信息资源、追踪信息资源在使用过程中的变化，从而简单、高效地管理大量网络化数据，实现信息资源的有效发现、查找、一体化组织和对使用资源的有效管理。元数据的重要特征和功能是为信息资源建立了一种机器可理解的框架。

元数据的具体应用场景非常广泛，例如，在数据仓库中，元数据可以用来记录数据的存储位置、历史数据、资源查找、文件记录等功能，也可以用来方便开发人员找到统计数据背后的计算逻辑与过程，用于指导开发工作并追踪数据问题，极大地提升工作效率。

元数据在开放数据发展中的战略地位越来越凸显。我们需要融入大数据环境，实施元数据战略，主张元数据权益，整合元数据资产，实现元数据资源与社会资源关联，吸纳社会元数据资源，推进元数据的开放服务。

## 43. 开放数据 FAIR 原则

2014 年，荷兰莱顿的洛伦兹中心召开了一场具有里程碑意义的学术研讨会，主题为"联合共建数据公平港口"。这场跨学科的盛会聚集了学术界、工业界、资助机构和学术出版商等多领域的专家，共同探讨了优化数据基础设施以提升数据使用效率的途径。在会议中，专家们达成共识，认为迫切需要一套指导性原则，以促进数据提供者和使用者更高效地实现数据的检索、获取、整合和再利用。会议的成果之一是提出了"FAIR原则",这是一份倡议性文件,它概括了开放共享科研数据应遵循的四大原则:可发现(Findable)、可访问(Accessible)、可互操作(Interoperable)、可重用(Reusable)。这些原则的首字母组合恰好形成"FAIR",象征着科学界对数据平等获取和公平流通的承诺。

(1)可发现性:数据共享的首要步骤是确保数据能够被及时检索。为此,数据及其补充材料应使用全球唯一、可解析、永久的标识符,并配备详尽的元数据,以支持发现性。

(2)可访问性:开放数据应通过可信存储库提供访问服务,配备数据访问协议,明确访问、身份验证和权限等技术细节,以服务于人类和机器的访问需求。

(3)可互操作性:数据应采用标准化和通用的数据格式,以实现不同系统间的数据无缝交流,无论是人类还是机器都应能轻松交换和解释数据。

(4)可重用性:数据的发现、访问和互操作性的终极目标是促进数据的广泛再利用。这不仅能减少数据收集的时间和成本,还能提高数据的可靠性和科学发现的创新性。

FAIR原则将数据资源的定义扩展到了更广泛的领域,包括非结构化数据、算法、工具软件、工作流程和数据基础设施等。这一理念已被广泛接受,为科学界提供了一套国际通用的数据管理和共享框架。遵循FAIR原则,科学研究的数据管理和共享将更加高效,从而加速科学知识的积累与创新。

开放数据FAIR原则

## 44. 数据密集型科研范式

数据密集型科研范式（Data Intensive-Based Science Paradigm，DISP）是继观察、经验描述、实验、理论建模与计算等科研模式之后出现的新科研范式。

在信息通信技术的快速发展下，与科学研究有关的事情都在发生巨大变化，实验、理论和计算几乎都受数据洪流的影响，以往的研究模式已经越来越"力不从心"，从而兴起了数据密集型科研范式。

当前，我们面对的是更复杂的自然和社会现象，多维度和多变量导致很大的不确定性。虽然还不能用解析式来说明因果关系，但如果从足够多的数据中发现相关性也能把握事物发展的轨迹。数据爆炸和应运而生的数据处理技术，使科学走进了数据密集型的研究范式。

数据密集型科研范式其特征是将计算机技术与科学和工程领域有机结合（或通过模拟产生数据），实现各领域海量数据的获取、存储、管理、深度分析和可视化展现。其目标是创造一个数字世界，在这个世界中，所有科学论文和科学数据（包括研究对象、研究过程和研究成果）都是在线的和交互的。

## 45. 科学数据中心

科学数据中心是负责收集、管理、存储、提供科学数据服务的专门机构或组织。依据我国《科学数据管理办法》，国务院相关部门、省级人民政府相关部门（以下统称主管部门）统筹规划和建设本部门（本地区）科学数据中心，推动科学数据开放共享。作为促进科学数据开放共享的重要载体，由主管部门委托有条件的法人单位建立科学数据中心。

科学数据中心的主要职责包括承担相关领域科学数据的整合汇交工

作,负责科学数据的分级分类、加工整理和分析挖掘,保障科学数据安全,依法依规推动科学数据开放共享,加强国内外科学数据方面交流与合作。

为落实《科学数据管理办法》和《国家科技资源共享服务平台管理办法》的要求,规范管理国家科技资源共享服务平台,完善科技资源共享服务体系,推动科技资源向社会开放共享,科技部、财政部对原有国家科技资源共享服务平台开展了优化调整工作,通过部门推荐和专家咨询,经研究共形成"国家高能物理科学数据中心"等20个国家科学数据中心,主管部门包括中国科学院、自然资源部、教育部、农业农村部等,其中中国科学院主管的国家科学数据中心共有11个。

数据作为新型生产要素,正在加速推动数字经济新业态、新模式的发展,为科学数据与开放科学提供了新的发展机遇。我国高度重视科学数据管理和开放共享工作,不断强化国家科学数据中心的开放共享和能力建设,着力加强对科学数据工作的统筹规划,增强科学数据管理的系统性与协调性,深度激发科学数据融合应用价值,支持科学数据确权,保障数据安全,深化科学数据国际合作交流,构建安全、有序、高效的科学数据开放服务生态。

中国科学院
科学数据中心

中国科学院
海洋科学数据中心

中国科学院
国家空间科学数据中心

中国科学院
生态环境科学数据中心

中国科学院
国家生态科学数据中心

国家青藏高原科学数据中心
National Tibetan Plateau Data Center

国家高能物理数据中心
National HEP Data Center

我国代表性开放数据中心

## 46. 国家基础学科公共科学数据中心

国家基础学科公共科学数据中心旨在汇集管理物理、化学、材料、动物、植物、交通、信息科学等基础学科领域，以及青海湖、黑龙江、新疆等典型区域长期科研活动积累的科学数据，和其他相关基础领域政府预算资金支持项目汇交的科学数据。

国家基础学科公共科学数据中心建立了交通运输、信息学科 2 个分中心和 23 个主题数据库，形成了完善的基础学科数据资源体系，以及支持分布式科学数据资源统一管理、集成融合、分析挖掘和应用服务的技术体系、标准体系和服务体系。截至 2023 年 10 月，国家基础学科公共科学数据中心已汇交科学数据总量超过 2.7 PB，发布资源梳理近 3.5 万个，访问量 3000 多万人次。

国家基础学科公共科学数据中心联合学术组织、期刊、数据平台构建数据出版社区等，创新科学数据出版新模式，引领科学数据的高效汇聚、开放共享、多学科交叉融合分析和创新应用。截至 2023 年 8 月，国家基础学科公共科学数据中心为 5 家国家重点研发计划项目管理专业机构、累计 70 个重点专项 2044 个项目提供科学数据汇交支撑服务，支撑论文总数 10 000 余篇，形成典型服务案例 800 余个。

网址：https://nbsdc.cn/

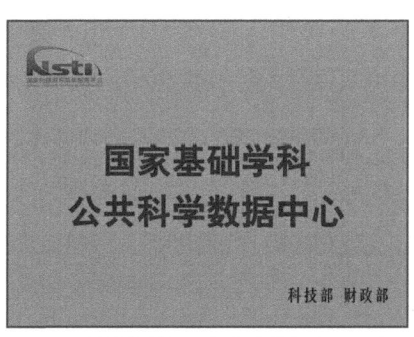

国家基础学科公共科学数据中心

## 47. 国家空间科学数据中心

国家空间科学数据中心是我国空间科学领域唯一的国家级数据中心，属基础支撑与条件保障类国家科技创新基地，以中国科学院国家空间科学中心为依托单位，联合中国科学院国家天文台、中国科学技术大学、中国科学院国家授时中心和中国科学院计算机网络信息中心等单位共同建设和运行。

国家空间科学数据中心致力于推动空间科学领域数据资源的规范治理、高质量建设和开放共享，发展科学数据创新应用生态系统，探索数据驱动的科学研究范式变革，努力提升科学数据的战略价值，为我国科学技术创新、经济社会发展和航天强国建设提供有力支撑。

空间科学是世界自然科学发展的重要前沿，也是科技强国竞相发展的重要科技领域。空间科学领域科技资源是国家科技创新发展和经济社会发展重要的基础性战略资源。国家空间科学数据中心拥有空间科学领域国家科技计划项目、重大科研专项任务和长期野外台站观测产生的科学数据，学术论文关联数据及领域软件工具、计算与存储设施等科技资源。截至 2023 年 10 月，国家空间科学数据中心汇集了近 2000 个数据集，数据量高达 1.82 PB，已出版数据集 300 余个，达 2.2 TB。

为满足学术论文作者的数据出版需求，并响应国内外期刊对数据的引用和可公开获取的基本要求，国家空间科学数据中心于 2020 年 2 月推出了中英文双语的空间科学论文数据仓储（Space Science Article Data Repository，SADR）。SADR 是一个专为国内外空间科学领域学术期刊论文关联数据的安全存储与共享发布平台，主要服务于科研人员、科研期刊等利益相关者，提供论文关联数据的提交、审核、保存、出版、共享和获取等一站式服务。

为加强知识产权保护，激发学术论文作者的出版热情，SADR 采用了

Creative Commons 系列知识共享许可协议,这一举措在充分保障作者知识产权的同时,也推动了数据的全面公开共享。此外,在数据集出版页面上,SADR 推荐了基于唯一标识符的标准数据引用格式,以促进科学数据的合规使用,并提供了数据集的访问、下载和引用次数等详细的统计信息。

迄今为止,SADR 已成功公开出版了 35 个论文关联数据集,这些关联论文发表在《空间科学学报》、*Space Weather*、*AIP Advances*、*JGR*、*GRL* 等国内外知名期刊上,数据作者遍布中国、英国、美国、日本等国家和地区,展现了 SADR 广泛的国际影响力。

网址:https://www.nssdc.ac.cn/

国家空间科学数据中心

## 48. 国家青藏高原科学数据中心

国家青藏高原科学数据中心是我国唯一针对青藏高原及周边地区科学数据门类最全、最权威的数据中心。

国家青藏高原科学数据中心已整合的数据资源涵盖大气、冰冻圈、水文、生态、地质、地球物理、自然资源、基础地理、社会经济等学科和领域,并开发了在线大数据分析、模型应用等功能,推动青藏高原科学数据、方法、模型与服务的广泛集成,已成为国内外科学家获取青藏高原科学数据资源的重要平台,以及联结国内外科学家发起第三极国际研究计划的重要桥梁。

截至 2023 年 10 月,国家空间科学数据中心汇集了近 6000 余个数据集,数据量达 300 多 TB,其中开放数据集 4000 余个,浏览量高达 2500 余万人次。

为扩大数据开放共享范围，国家青藏高原科学数据中心积极申请成为国际重要期刊和组织认证的数据仓储，成为国内首个通过 Nature 旗下 Scientific Data 认证的数据仓储中心，并于 2020 年 7 月成为美国地球物理学会推荐的数据仓储，成功注册了综合性的全球研究数据存储库系统和项目，数据中心的共享和服务能力得到了大幅提升。

国家青藏高原科学数据中心依托其数据仓储，为青藏高原地球系统科学研究提供了数据支撑，有效地提高了第三极地区科学数据的共享水平与利用效率，推动了青藏高原及周边地区地球系统的科学研究和前沿创新。

网址：https://data.tpdc.ac.cn/

国家青藏高原科学数据中心

## 49. 科学数据银行

科学数据银行（Science Data Bank，Science DB）是一个开放可信的通用型科学数据存储与发布平台，面向国际学术界、学术期刊和出版商等提供数据出版和获取服务，出版符合主流数据标准的高质量科学数据。在保障数据所有人权益的基础上，促进科学数据的可发现性、可访问性、互操作性和可重用性，提升科研数据成果的价值，服务高质量期刊建设，推动数据共享文化氛围及生态的培育及良性发展。

科学数据银行由中科院计算机网络信息中心自主研发，于 2015 年上线服务，致力于打造一套国际化的科学数据长期共享与出版公共通用基础设施，服务全球开放科学数据共享事业。通常，科学研究过程中产生的资料，由于篇幅等方面的限制并不能全部在发表的文献中展现。而"数据共享"就是将这些资料存放在某个平台，使得学者、学术机构，乃至公众能有机会获取这些资料。科学数据银行在数据共享平台建设方面走在了潮流前列，为"世界问题"的解决贡献了"中国方案"。

科学数据银行面向科研工作者提供科学数据的开放共享服务，不限制提交数据涉及的学科范围和研究方向，不限制数据大小和数据文件格式，主要接收和开放共享的数据类型包括：数据集，论文中的图表数据，报告幻灯片和代码。

科学数据银行既符合国际潮流，又贴近中国国情，主要特点包括：平台发布的数据都有 DOI，提供规范的引用格式，易于学者引用；现阶段平台对数据发布者和读者完全免费；平台和诸多国际数据平台实现了数据互认互通，如被 Springer Nature、Cell Press、Elsevier、Willey 等国际出版社推荐；对于尚未正式发表的研究数据，可以设置一年的保护期，在此期间可以限制数据的访问用户。截至 2024 年 2 月 2 日，科学数据银行共收集了开放数据集 820 多万个，平台访问量超过 7 亿次。

网址：https://www.scidb.cn

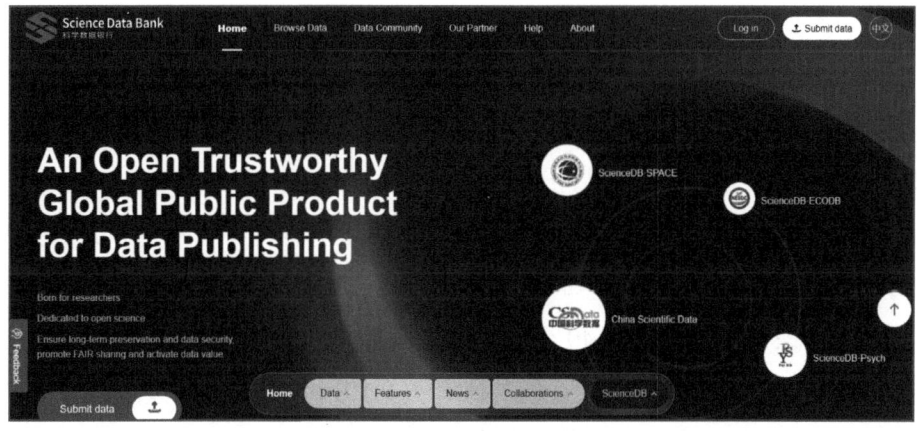

科学数据银行

## 50. 美国"数据管理计划"

NSF 数据管理计划（Data Management Plan，DMP）是描述科研项目由实施到结束全生命周期内处理数据的规划，为科研数据的全生命周期管理设定了"初始值"和"路线图"，以充分发挥科学、经济和社会价值。在国际上，DMP 已成为重要且科学的政策设计，为数据验证、项目评审乃至数据素养培育提供了支撑。

DMP 是科研数据与共享工作的起点，其最终目的是实现科研数据服务的优化。DMP 及基于其规范的科研流程能够产生诸多有用的数据、信息和知识，对 DMP 进行科学揭示并将面向科学界有序地开放和共享，能为广大的数据用户提供知识、技能和实践的指引，满足科研用户的数据和 DMP 重用需求。

按照 NSF 要求，其所资助的科研项目在项目申请阶段应提交 DMP，以加强对所资助科研项目产出的科学数据的管理。在 DMP 中，项目申请人需要对项目实施中产生的所有科学数据及其元数据的格式、内容标准、访问权限、共享计划等内容进行阐述。可以说，DMP 已经成为项目审核的先决条件和重要评判依据。

## 51. 美国 ENIGMA 平台

ENIGMA（Enhancing Neuro Imaging Genetics through Meta Analysis）是迄今为止全球最大规模的大脑研究创新平台，由南加州大学凯克医学院创立，借助该平台形成了由 40 个国家和地区的 1400 名科学家组成的全球性研究组织，汇聚了全球最大规模的研究数据和研究成果，这些数据和成果可用于阿尔茨海默病、儿童孤独症和其他神经系统疾病的靶向疗法和干预措施等脑科学和神经科学的重大研究问题。

ENIGMA 计划旨在通过元分析（meta-analysis approach）的方法解释遗传学多样性与大脑结构的关系，参与该项目的所有团队成员均遵循相同的步骤来分析脑部成像，之后对所有的分析结果进行权重评估和合并。这一过程中分享的信息不是原始数据，而是经过了处理的信息，这就意味着 ENIGMA 计划的研究人员不再需要透露患者的个人细节，而且研究对象数量的扩大使研究人员能够得出可靠的结论，确定遗传多样性对大脑结构的影响方式。

通过 ENIGMA 平台的建设，美国及其研究机构在脑科学领域处于全球领导地位，主导了全球脑科学的研究方向，平台还充分利用了全球脑科学研究的力量，其研究实力和能力超越了任何国家或研究机构。因此，面向国家重大需求，面向全球重大挑战，通过高端交流平台可以使中国成为未来全球科技创新的策源地。

网址：https://enigma.ini.usc.edu/

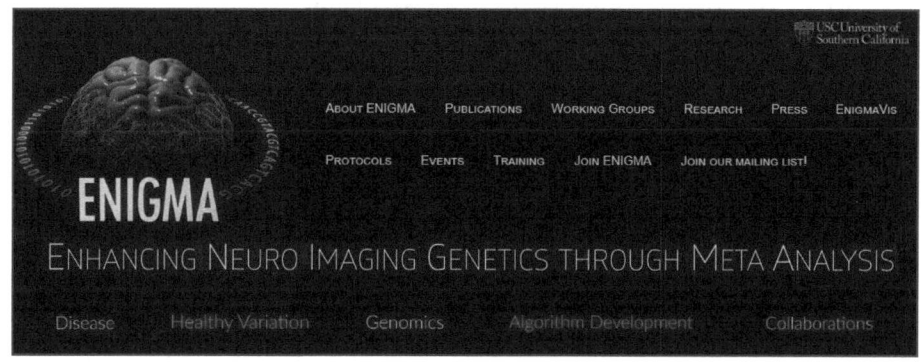

ENIGMA 平台

## 52. 欧盟"开放政府数据"运动

OGD 是大数据条件下政府信息公开的必然形式，旨在增加政府透明度，使社会成员可以享受公共部门产生和收集的信息所具有的内在的社会及经济价值。欧盟将 OGD 运动嵌入到"欧盟 2020 战略"和以大数据技术为契机的"数字经济战略"之中,并不断配套相应的机制设施与相关立法工作。

欧盟从相关法律制度保障、经济与投资辅助、基础性技术平台三方面着手,即通过协同欧洲理事会、欧洲议会、欧盟委员会展开顶层主导设计,逐步建构起OGD的体系性实践框架。第一,与OGD有关的研究和创新项目均可以通过目前的"地平线2020"科研与创新计划等,获得包括关于开放数据访问技术、大数据的使用和再利用技术及数据格式标准等方面的研究资助。第二,为消除开放政府数据过程中可能出现的法律障碍,欧盟对数据再利用指令进行立法与修改,形成支撑欧盟OGD行动框架的必要法律支柱。第三,通过建立欧盟统一的门户网站和欧洲开放的数据平台,提供欧盟机构和其他相关单位的数据访问,为开放数据及隐私求交(Private Set Intersection,PSI)共享提供基础性的技术平台。

## 53. 爱尔兰"开放政府数据"行动计划

2014年,爱尔兰启动OGD行动计划,逐渐发展成为欧洲及世界的领跑者。在欧盟成员国中,爱尔兰连续三年(2017—2019年)位列"开放数据成熟度"(Open Data Maturity)评估的榜首。

自2019年以来,以美英为代表的数字经济发达国家均将OGD行动提升到国家数据战略的高度,爱尔兰则相继实施《公共服务信息、通信和技术战略(2015)》《开放数据战略(2017—2022)》和《公共服务数据战略(2019—2023)》,以构建公共服务的数据生态系统和确保爱尔兰在世界范围开放数据运动中的领先位置。

爱尔兰《公共服务数据战略(2019—2023)》提出支持循证决策的"数据原则",主要包括:开放和透明原则,数据应是开放、可发现和互操作的;一次原则,数据应一次采集、重复使用;建立数据治理委员会,开展有效的数据治理;依法处理数据、保护数据安全和个人隐私。

爱尔兰《开放数据战略（2017—2022）》的内容，体现了国际上开放数据的发展趋势。从单纯强调开放到平衡"数据开放"与"数据安全"；从关注"数据发布"环节发展到数据的全生命周期管理；从努力增加开放的数量过渡到加强数据治理、提高数据质量和利用水平；扩大开放范围，不仅包括政府数据，也包括政府资助的科学研究数据。同时，《开放数据战略（2017—2022）》提出了5年的实施计划，涵盖7个主题：让更多的机构开放数据；扩大开放的数量和质量；鼓励数据使用；培育开放数据的用户群体；提升机构的开放数据能力；开放数据的影响评估；建立治理结构。

《开放数据战略（2017—2022）》和《公共服务数据战略（2019—2023）》

## 54. 默认开放原则

2013年，美国在《政府信息默认为开放和机器可读》（*Making Open and Machine Readable the New Default for Government Information*）行政令中提出，政府信息资源以默认开放为原则，要求政府在确保隐私、保密和国家安全的前提下，应尽可能向公众开放相关数据，使数据易于查找、访问和使用。

2013年G8峰会上，美国、英国、法国、德国、意大利、加拿大、日本、俄罗斯八国签署了G8宪章。G8宪章作为政府间的协议，提出了六项开放原则（默认开放、及时和全面、可获取可利用、可比较和关联、为改善治理与公众参与、为实现包容性发展与创新），从而为世界其他国家、地区和有关国际组织开放数据提供了指引。其中，默认开放原则是指政府数据应以开放为原则，不开放为例外，因为"自由获取和利用政府数据能对社会和经济带来巨大价值"。

2018年，美国《开放政府数据法》（Open Government Data Act）将默认开放定义为"政府数据在法不禁止情况下，在切实可行范围内，以开放格式并在开放许可下提供"。具体而言，从开放程度来看，默认开放原则对开放程度本身的要求不及政府信息公开的深度；从开放要求来看，默认开放原则关注的是数据质量、数据获取、数据使用的实质效果，要求开放的数据应具有较高质量和统一标准；从开放形式来看，默认开放原则要求数据应使用机器可读的开放格式，并且便于公众获取和访问；从开放条件来看，默认开放原则要求使用开放许可协议并强调各主体应平等享有获取数据的权利。

美国《政府信息默认为开放和机器可读》行政令

## 55. 数据鸿沟

数字鸿沟（Digital Divide）是指全球范围内在数字技术、设备和网络使用上的不平等现象。具体而言，数字鸿沟指的是发达国家和发展中国家、城市和农村、富裕人群和贫困人群之间的数字技术使用和获取能力的差异。

数字鸿沟主要表现在3个方面。一是数字设备的普及率：发达国家的人均拥有电脑、平板电脑、智能手机等数字设备的比例较高，而发展中国家的数字设备普及率较低。二是网络接入的普及率：发达国家的人均拥有高速宽带网络的比例较高，而发展中国家的网络接入普及率较低。三是数字技术的应用能力：发达国家的人们更加熟练地掌握数字技术的使用方法，而发展中国家的人们在数字技术的应用方面存在较大的差距。

在全球数字化进程中，数字鸿沟的信息落差很容易加剧经济、社会和文化等领域的不平等现象。数字鸿沟使得那些缺乏数字技术能力的人群无法获得数字时代所带来的发展机遇，从而使得他们在经济、社会和文化方面的发展受到限制。

缩小数字鸿沟需要采取一系列的措施，如提高数字技术的普及率、提高数字技术的应用能力、降低数字技术的使用成本等，通过加大投入和政策支持，推动数字技术的发展和创新，使得更多的人能够享受到数字技术带来的便利和发展机遇。

## 56. 数据隐私保护

数据隐私是组织实现有效数据治理的重要考虑因素，因为个人数据的保护和使用是数据治理的关键要求。隐私不仅是个人的要求，也是团体、组织和机构的要求。艾伦·威斯汀引入了一种以控制为基础的隐私定义，即"个人、团体或机构有权决定何时、如何以及在多大程度上将自己的数据传递给他人"。数据隐私保护，是指对机构或个人敏感的数据进行保护的措施，可以通过数字水印进行版权信息识别，并通过数据脱敏实现技术上的变形处理。

数据隐私保护不仅能够保护个人权益与个人行为私密性，也能帮助释放个人情感，使人们互相信任地分享秘密并进行受保护的交流。为确保个人及组织的隐私数据得到合乎道德的控制和使用，并得到安全的保护，世界各国纷纷立法强制要求各方保护隐私权，英国的《数据保护法案》、澳大利亚的《隐私法》、中国的《个人信息保护法》等，均对违反数据隐私保护的行为处罚做出了明确规定。

为推动提升数据保护全球公民的责任意识，国际专门设置了"数据隐私保护日"。1981年1月28日，鉴于个人数据自动化处理的国际化趋势及其对公民隐私权的影响，欧洲理事会通过了《个人数据自动化处理中的个人保护公约》（*Convention for the Protection of Individuals with regard to Automatic Processing of Personal Data*），这一公约旨在保护个人隐私权，得到了所有欧洲理事会成员国的批准。此外，非欧洲理事会成员国如佛得角、毛里求斯、墨西哥、塞内加尔、突尼斯和乌拉圭也加入了该公约。为了纪念这一重要事件，并进一步提高公众对数据隐私的关注，2007年，欧洲理事会发起了"欧洲数据保护日"。随后，在2009年1月26日，美国众议院全票通过决议，宣布每年的1月28日为"数据隐私保护日"。设立这一纪念日的目的在于鼓励公众关注数据隐私问题，增强保护意识，了解自己的基本权利，并采取实际行动来保护在线个人信息的安全。

## 57. 数据安全

数据安全是保护数字信息资产免遭未经授权的访问、披露、修改或盗窃的做法。这种做法能够保护数据免受意外或故意威胁，并在组织的整个生命周期中保持其机密性、完整性和可用性。

(1) 数据安全实践旨在实现的目标

①*数据加密*：通过将普通数据转换为加扰的、难以理解的数据来保护数据，这些数据在不解密的情况下其他人无法使用。

②*数据屏蔽*：通过将敏感数据替换为可用于测试的功能数据来隐藏敏感数据，并防止数据泄露给可能使用它的恶意用户或内部人员。

③*数据销毁*：确保数据不可恢复，它会在需要时覆盖或擦除任何存储介质上的数据。

④*数据弹性*：IT基础设施和服务器在发生安全事件后恢复存储数据的能力。它包括在任何类型的安全事件、硬件问题或其他故障期间维护数据备份以进行恢复和数据中心保护。

⑤*数据丢失防护*：监控异常的内部威胁帮助安全控制和确保敏感业务信息的合规性。

(2) 全面的数据安全策略

①*访问管理和控制*：企业应遵循最小权限访问的概念，其中对数据库、网络和管理账户的访问权限仅授予有限和授权用户。

②*数据加密*：包括对静态、传输中或使用中的数据的加密。

③*应用安全和补丁管理*：涉及通过漏洞管理、授权、身份验证、加密、应用安全测试和定期安装补丁来维护应用安全。

④*网络安全和端点安全*：专注于实施全面的安全套件，用于跨所有本地和云平台的威胁检测、管理和响应。

⑤*数据备份*：企业应确保所有数据备份都受到类似安全控制的保护，以监督对主数据库和核心系统的访问。

## 58. 数据泄露

数据泄露是一种安全违规行为，其中敏感、受保护或机密数据被未经授权的个人复制、传输、查看、窃取或使用。事件的范围不仅包括为个人利益或恶意（黑帽）、有组织犯罪、政治活动家或国家政府发起的协同攻击，还包括系统安全配置不当、对用过的计算机设备或数据存储介质的粗心处置。泄露的信息范围涵盖所有危及国家安全的事项，以及政府或官员认为令人尴尬并想要隐瞒的行为的信息。数据泄漏还可能会涉及财务信息，如信用卡和借记卡详细信息、银行详细信息、个人健康信息、个人身份信息、公司商业机密或知识产权等。文件、文档等容易过度暴露的非结构化数据同样易受攻击，从而导致数据泄露。

数据泄露可以通过许多不同的方式进行。

（1）网络攻击者

网络攻击者经常尝试访问私人数据，试图通过窃取密码、破解密码或利用软件漏洞来访问安全网络。攻击者执行此操作的能力取决于他们的技能水平和网络保护的程度。

（2）恶意软件

恶意软件通常用于访问安全网络，一旦恶意软件（尤其是键盘记录软件）成功安装在设备上，攻击者就可以记录键入的任何密码。

（3）网络钓鱼

网络钓鱼邮件的目的是通过将用户诱骗到恶意网站来窃取密码。企业员工是网络钓鱼的目标，因为他们通常可以访问包含大量私人客户信息的安全网络，更有利可图。

（4）内部威胁

内部威胁是指在企业的工作人员试图窃取数据或以其他方式攻击网络。内部威胁很难防御，因为相关人员了解网络的安全程序，而且他们通常可以访问安全数据。

## 59. 数据论文出版

数据论文出版是在科学研究第四范式推进下产生的一种出版形式，

使数据成为科学研究的核心，符合期刊发展的趋势。数据论文的出版流程与传统论文一样，包括论文手稿的撰写、论文提交、同行评议、修改、定稿和发表等环节。目前，在生物多样性领域，数据论文出版已经可以通过全球生物多样性信息平台集成发布工具包（Integrated Publishing Toolkit，IPT）自动撰写和发表，并与 GBIF、Scratchpads、Dryad 等数据仓储平台相连。数据论文出版主要包括以下几个步骤。

（1）制作元数据

依据所研究领域的元数据标准，由存储该领域数据的数据仓储生成元数据。

（2）将数据论文要描述的数据存放到公共数据仓储

常用的数据仓储包括：Dryad（综合学科）、PANGAEA（地球科学）、KNB（生态和环境科学）、NBII（生物科学）、DataBasin（空间科学）等。

（3）论文形成及发表

从第一步产生的元数据中提取相应内容产生数据论文初稿，作者进行相应的检查、补充并在线提交。然后进行类似于传统学术论文出版的流程：进行同行评议、通讯作者修改同行专家提出的意见、生成最终修订的数据论文手稿、提交数据论文进行终审、分配 DOI、数据论文发表（印刷格式、PDF 格式、HTML 格式，最终出版 XML 被存档在 PubMed Central，数据论文 DOI 与元数据文档关联，数据论文通过商业数据库（ISI、PubMed Central、Scopus、Google Scholar、CAB Abstracts、DOAJ、EBSCO）等进行传播。

## 60. 论文关联数据

论文关联数据是指通过基础研究、应用研究、实验开放等产生的用于支撑学术论文发表的数据，以及通过观测检测、考察调查、检验检测等方法取得并用于形成论文图表、支撑论文研究结论的原始数据及其衍生数据。

论文关联数据可以是实验数据、代码、晶体结构、分子式、模型、算法、实验视频等，可用于佐证论文观点、支撑论文结论、形成论文图表、形成论文完整证据链。论文关联数据的共享不但可以提升研究的可验证性和透明度，数据的重复使用还可以有效地提高数据资料的利用效率，节省人力物力，对学术研究具有重大意义。

(1) 论文关联数据的主要类型

①应该共享：用于直接支撑论文结论的数据。

②鼓励共享：为开展论文课题研究而产生的且反映在论文中的数据，或为开展论文课题研究而进行重复使用或分析的数据。

③自愿共享：为开展论文课题研究从实验或观察中得到的原始的、未加工的且未反映在论文中的数据。

④不宜共享：涉及保密信息、科研伦理、敏感信息或共享数据将损害第三方合法权益等情况的数据。

(2) 数据共享的方式

①直接共享：作者提交的论文关联数据，一旦通过评审，将被即时发布，发布后即向公众公开提供元数据、数据文件的访问获取。

②有条件共享：包括数据保护期后获取和依申请获取。前者保护期内，公众仅能访问数据的元数据，而无法下载获取数据文件。保护期后，数据自动转为开放获取状态，公众皆可访问获取其元数据和数据文件。

# 61. 数据可用性声明

根据剑桥大学出版社的官方定义，数据可用性声明是指论文作者是否公开能够支持论文分析结论的数据的简单声明。如果作者选择公开相关数据，则需要在声明中明确阐述读者可以在哪里获取这些数据。数据可用性声明中的"数据"并非仅仅指数字形式的数据，还包括文字、视频、图片、代码、问卷、采访记录、考察报告等，任何能够帮助读者验证或重复论文工作证据或资源，都是广义上的数据。

数据可用性声明通常作为论文的辅助材料出版，以附件形式附在论文结尾处。数据可用性声明并非强制性要求公开所有数据，理论上，除非期刊有明确要求，作者可以选择性地分享部分数据，也可以选择不分享任何数据。

数据可用性声明旨在鼓励作者提供与分享数据，从而提高研究的透明度及可重复性，同时让更多人能够接触到论文研究过程中产生或收集的有价值证据，推动该科研领域的发展进步。具体来讲，数据分享具有如下优点。

①重新分析解释或纳入元分析。
②增加为资助科学研究所作投资的价值。
③减轻作者管理数据方面的负担。
④提高文章可见度（引用）。

## 62. *Scientific Data* 杂志

Nature 出版集团于 2014 年 5 月推出在线出版的开放获取杂志 *Scientific Data*，读者通过 *Scientific Data* 在线数据平台，可以对科学数据进行访问和检索。*Nature* 主编 Gerstner 博士认为，开放数据出版将是未来科学出版和科技创新的重要方向，开放数据不仅扩大了传统学术期刊论文的传播范围，提高了其传播能力，而且非常有利于科学研究的验证、复用、扩展，能促进科研合作。

*Scientific Data* 是 Nature Portfolio 旗下一本开放获取在线期刊，致力于发表具有科学价值的数据集描述，以及能促进科学数据共享和再利用的研究文章，涵盖自然科学、医学、工程和社会科学各个领域。其宗旨是促进更广泛的科学数据共享和再利用，并对共享数据的作者给予版权和认可。

*Scientific Data* 发表论文的主要类型为 Data Descriptor，意为对数据的

详细描述，其描述对象可以是实验数据、观察数据、计算数据、处理后数据等，除了对数据进行描述，它还将数据进行结构化管理以便于数据的解读、搜索及对原始数据的再利用。

Data Descriptor 被 *Scientific Data* 期刊接受与否并不取决于数据集相关结果的影响力或新颖性。实际上，Data Descriptor 的内容不包含深入的分析或新的科学结论，而生成数据的实验或程序是否严谨以及技术质量是否达标则更为重要。

网址：https://www.nature.com/sdata/

## 63.《中国科学数据》杂志

《中国科学数据（中英文网络版）》创刊于 2016 年，是由中国科学院主管，中国科学院计算机网络信息中心主办的期刊。《中国科学数据（中英文网络版）》重点关注生命科学与医学、地球系统科学、空间科学与天文学、物理学、化学化工、材料科学与工程、信息科学、社会科学等领域的基础数据及数据产品。优先出版数据论文包括但不限于以下数据源。

①重大科研项目产生和获取的原始数据、基础数据和再加工的数据产品（如中国国家科技基础性工作专项、中国国家重大科技计划、中国科学院战略性科技先导专项、中国国家自然科学基金项目、中国国家社会科学基金项目等）。

②大科学装置和野外台站长期观测数据集，以及系统整理的数据产品。

③中国国家科技基础条件平台、中国科学院信息化建设及相关部门信息化建设过程中系统收集、整编形成的数据集。

④科研院所、高等院校等组织机构长期积累的优质科学数据资源。

⑤针对现有数据集及其应用，利用程序方法、加工整编形成的繁衍数据集等。

据 2022 年 2 月 18 日中国知网显示，《中国科学数据（中英文网络版）》共出版文献量为 389 篇、总被下载次数为 29 920 次、总被引次数为 343 次。2023 年 9 月 20 日，《中国科学数据（中英文网络版）》成功入选 2023 年度"中国科技核心期刊"（中国科技论文统计源期刊）。

## 64. 科学数据仓储注册系统

科学数据仓储注册系统（Registry of Research Data Repositories，re3data）旨在对所有领域的科学数据仓储基于注册机制进行索引化和结构化描述，采用信息图标来描述每个科学数据仓储的基本特征，为使用者提供更加方便、快捷的使用体验。

re3data 涵盖来自不同学科的研究数据库，面对科研数据存储、管理、共享带来的挑战，re3data 为研究人员，资助机构，出版商和学术机构提供了永久存储和访问数据集的存储库，re3data 已成为全球范围内应用最广泛、发展最快和最"年轻的"数据仓储注册平台。re3data 收录的科学数据仓储数量大，分类细致。据统计，re3data 平均每周增加 10 个新的仓储，每月有超过 5000 个独立访问者浏览 re3data 网站。

re3data 的注册体系具备 3 个功能，一是帮助研究人员找到需要的资源在哪个数据库的哪个位置；二是帮助科学数据仓储管理者向全球科研社群展示其内容和特点；三是协助机构知识库发展者从政策管理、服务内容等层面，实现对科学数据的存储与传播能力。事实上，re3data 不需要注册，研究人员可以直接建议 re3data 收录某个科学数据仓储。

re3data 所收录的科学数据仓储可按照国家、学科和内容类型进行浏览，其中，国家和学科类型不仅支持文本浏览，还支持图像浏览，类似知识地图。截至 2022 年 2 月，全球 80 多个国家和地区在 re3data 中注册的科学数据仓储数量达到 3810 个，我国注册数量为 49 个，约占 1.29%。

网址：https://www.re3data.org/

科学数据仓储注册系统

## 65. Zenodo 数据分享平台

Zenodo 于 2013 年 5 月推出，建立在开源的 Invenio 数字知识库基础之上，是全球知名的数据分享平台，一站式发布研究成果和资助信息。Zenodo 对数据格式没有限制，且数据可以终身保存，支持各种内容，包括刊物、演示文稿、论文集、项目、图像、软件（包括与 GitHub 的集成）及所有语言的数据，Zenodo 还支持跨学科和多语言，对多领域的研究人员较为友好。

Zenodo 作为一个开放获取的数字存储库和数据存储平台，主要功能如下。

（1）存储和分享科学研究成果

用户可以将科学论文、数据集、软件代码、预印本、技术报告等各种科研成果上传至 Zenodo 平台，进行存储和分享。

（2）DOI 分配

Zenodo 为每个上传的项目分配唯一的 DOI，使其可被引用和引用。这样，研究人员可以将其研究成果以可持续的方式公开分享，并为其工作提供持久的链接。

(3) 元数据管理

Zenodo 支持用户为上传的项目添加详细的元数据，包括标题、作者、摘要、关键词等信息，以便更好地描述和分类研究成果。

(4) 版本管理

Zenodo 允许用户管理多个版本的同一项目。用户可以上传和存储不同版本的研究成果，并随时更新和替换。

(5) 集成和交互

Zenodo 支持与其他科学存储库（如 Figshare、Dryad 等）进行集成，以进一步扩展研究成果的可见性和可访问性。此外，Zenodo 还提供应用程序接口和数据导出功能，方便与其他平台和工具进行交互和数据共享。

(6) 许可证和访问控制

用户可以为上传的项目选择适当的许可证，以控制对其研究成果的访问和使用。Zenodo 支持各种常见的开放许可证，如 CC BY、CC0 等。

Zenodo 在全球被广泛使用，发表在 Nature、Science、Nat Com、Cell Rep、GB、ISME J、eLife、New Phyto 等各种期刊的文章均有涉及。

网址：https://zenodo.org/

Zenodo 数据分享平台

## 66. 美国校际社会科学数据共享联盟存储库

美国校际社会科学数据共享联盟存储库（Inter-university Consortium for Political and Social Research，ICPSR）于 1962 年由美国密歇根大学社会研究中心发起成立，目前是由 776 个学术机构和研究组织组成的国际联盟，是世界上最大的社会科学研究数据中心之一，为社会科学研究界提供数据访问、数据管理和数据分析方法的培训。

ICPSR 的科学数据来源包括联邦政府机构、科研资助机构、研究机构、基金会和协会、商业机构等。多年来，ICPSR 与包括美国统计机构和基金会在内的许多资助者合作，为社会科学研究提供数据支持。另外，ICPSR 收集科学数据的途径多样，包括定期查阅联邦资助机构数据库、定期查阅基金会近期资助的项目数据、定期查阅学术刊物、关注专业的科学会议、参考会员机构和 ICPSR 工作人员的建议等。

ICPSR 以 8 种数据格式分发数据文件，包括 3 种纯文本格式、2 种 SAS 格式和 2 种 SPSS 格式及单个 Stata 数据格式。ICPSR 规定的标注数据引用的必备元素包含：数据集标题、数据集创建者、数据集日期、数据集存储机构、数据集版本、持久标识符。

ICPSR 存储了超过 50 万个社会科学和行为科学研究数据，包括教育、人口、老龄化、健康与医疗保健、刑事司法、社会指数等 21 个主题领域，现拥有 10 500 多个数据集和 75 000 多个与数据集相关的学术出版物。截至 2023 年 10 月底，ICPSR 已经服务了 19 292 项研究，涉及 632 万余项数据，相关出版物逾 11 万份。

ICPSR 标志

## 67. Figshare 数据共享平台

Figshare 数据共享平台是一个基于云计算技术，以生物学和医学为主，覆盖整个科学领域的在线数据库。该平台可接受、储存各种格式的科研数据，可供用户免费下载使用，帮助学术人员组织学术成果并尽可能多地获得影响力，同时节省精力和时间。

Figshare 由英国 Macmillian 出版公司的分支机构 Digital Science 支持建设的，目的是为了使研究中的辅助材料更容易被发现及查找，现已覆盖包含生物学在内的近 30 多个学科，如医学、地理学、物理学、人文学、天文学等。

Figshare 是一个面向研究人员的在线平台，它允许用户上传多种类型的科研材料，包括图表、多媒体文件、海报、论文（包括预印本）及数据集等。平台为每个上传的内容对象分配唯一的数字对象标识符（DOI），以便于引用，并采用了 Creative Commons 许可协议来分享数据，这大大减少了版权争议。Figshare 为全球的科学家提供了存取和共享信息的便利，并使用基于云的数据管理系统来保障数据的安全性和可靠性。此外，平台还为用户提供了权限设置的功能，让用户能够自主决定其科研数据、音频、论文和视频等研究成果是否公开。

Figshare 平台具有以下特点：

*易于发现*：通过使用标准元数据和搜索引擎优化，使得内容更容易被找到。

*安全性与易用性*：平台确保数据的安全存储，并提供用户友好的界面。

*便捷管理*：用户可以方便地上传和管理各种研究文件类型。

*可引用性*：所有基于云的数据成果都可以被引用，且得到妥善保存，无论在何处都能访问。

*强大的功能*：公共空间没有限制，每位用户可以获得 1 GB 的私人空间来存储暂时不想公开的数据。提供详细的计量统计数据，帮助用户了解其研究内容的影响力和亮点。

*开放科研*：鼓励发布科研数据和图表，体现了开放科研的理念。

基于上述特性，Figshare 不仅促进了科研数据的共享与再利用，还加强了科学界的透明度和可重复性。

网址：https://figshare.com/

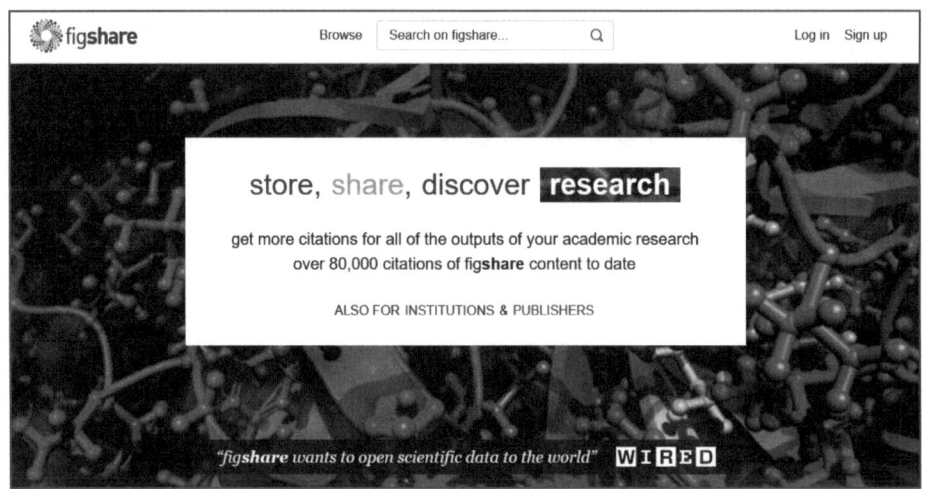

Figshare 数据共享平台

## 68. 哈佛大学社会科学数据库

哈佛大学社会科学数据库（Harvard Dataverse）由哈佛大学定量社会科学研究中心和哈佛大学图书馆合作创立的社会科学数据库。Harvard Dataverse 向哈佛大学社区内外的研究人员免费开放，支持共享、存档、引用、访问和探索研究数据。

Harvard Dataverse 发展至今，其学科覆盖范围已经十分广泛，包括社会科学、人文学科、地球与环境科学、医学等。在 Harvard Dataverse 发布数据时，会自动获得带有 DOI 的标准数据引用，即使在数据受到限制的情况下，元数据也可以通过搜索引擎打开并找到。

目前，Harvard Dataverse 拥有 3000 多个数据空间，存储了超过 8 万个数据集和 47 万多个数据文件，数据下载量超过了 520 万次，得到了全世界各地的研究者的广泛认可，实现了数据共享与跨系统数据的互联互通和开放使用，充分满足了科研人员数据管理和数据重用需求，不断激励着科研人员共享数据。

网址：https://dataverse.harvard.edu/

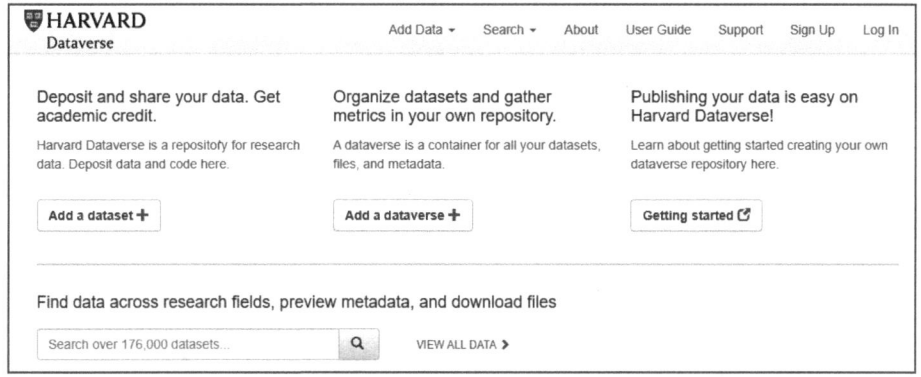

哈佛大学社会科学数据库

# 69. 透明开放准则

透明开放准则（The Transparency and Openness Promotion Guidelines），简称 TOP 准则（TOP Guidelines），是一套旨在提高研究透明度和开放性的指导原则。TOP 准则由 COS 倡导，旨在建立期刊的数据共享政策，成为开放科学理念的典型代表，有利于提高研究的开放性、完整性和可重复性。

TOP 准则提出了引文标准，数据透明，分析方法（代码）透明，研究材料透明，设计和分析过程透明，预注册研究项目、预注册分析计划、可重复性等 8 方面的原则，以提高科学研究的开放透明度。

从 2015 年文件发布至今，约有 5000 家学术期刊和机构与 COS 签署了协议，表示愿意支持 COS 提出的透明和开放性促进指南，已有包括 Elsevier 和 Springer Nature 在内的超过 1100 家学术期刊和机构以 TOP Guidelines 为蓝本，制定并实施了开放科学出版政策。科研资助者和出版者可以使用这些准则开展科学实践，提高科学研究的透明度和开放性，从而增强科学研究的可靠性和可信度。这些指导原则鼓励研究人员在科学研究过程中更加开放和透明，以便其他人可以重复和验证其研究结果。

## 四、开放基础设施

### 70. 国家自然科学基金基础研究知识库

国家自然科学基金基础研究知识库，作为我国学术研究体系中的核心基础设施，承载着集中收录和持久保存由国家自然科学基金资助产生的各项科研项目的珍贵成果，其中包括研究论文的元数据与完整全文内容。该平台秉持开放获取原则，倾力服务于全社会，旨在成为传递基础研究领域最前沿科学技术知识和科技成果的重要桥梁，有力推动我国乃至全球科技事业的持续进步与发展。

依照国家自然科学基金委员会的开放获取政策，"基础研究知识库"系统性地收纳了所有经由国家自然科学基金完全或部分资助，并已在权威学术期刊上正式发表的研究论文之最终审定版本。遵照规定，这些论文在正式发表后的 12 个月内将确保向全社会开放访问权限。若论文原生支持开放出版，或者出版商许可作者将经过正式排版的最终出版 PDF 版本存入相关知识库，则"基础研究知识库"亦会储存这样的出版级 PDF 文件。

系统配备了完善的一般检索与高级检索功能，方便用户精确搜寻知识库内满足特定检索条件的全文资源。在系统主页和多层次浏览菜单中，精心设置了热点推荐、统计数据概览及多元化分类浏览渠道，从多元视角直观呈现知识库中丰富多样的科研成果条目，用户可以根据研究主题、发表年代、文章标题、所属研究机构和作者等分类标签进行便捷高效的导航浏览。

当用户通过检索或浏览功能进入某一具体科研成果详情页面时，系统将详尽展示该成果的基础文献特征信息，部分成果甚至可以直接提供全文文档的下载与在线阅读服务，切实助力广大读者深入研究与充分利用这些宝贵的学术资源。

网址：https://kd.nsfc.cn/

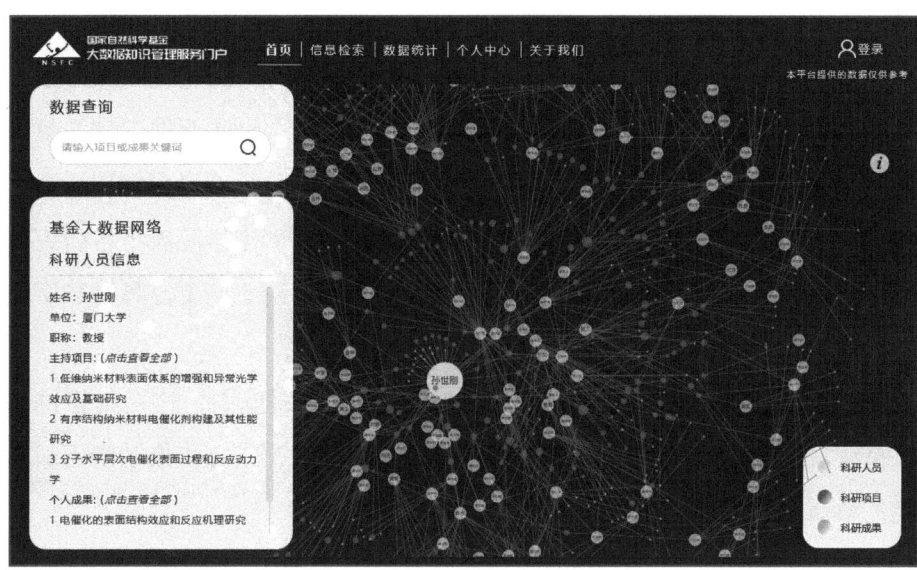

国家自然科学基金基础研究知识库

## 71. 中国科学院机构知识库网格

中国科学院机构知识库网格（Chinese Academy of Sciences Institutional Repositories Grid，缩写为 CAS IR GRID）是在 2007 年由中国科学院启动的一项前瞻性战略规划，旨在全院范围内积极推进研究所级别的机构知识库建设工程。该项工程的目标是在科学院各个研究所内大力推广并构建各自的机构知识库，进而形成分布式、互联互动的机构知识库网格节点系统。在此基础上，通过引入先进的元数据自动化采集技术，搭建起覆盖全院的统一集成检索服务系统，集中展现和广泛传播中国科学院全院层面的知识产出成果。

当前，中国科学院机构知识库网格已成功聚合了来自中科院及其下辖 101 个研究院所的机构知识库资源，这些资源以研究所为核心进行系统化组织和管理，各个研究所的知识库均以其内部的部门结构和专题领域进行精细划分，包含了期刊论文、学位论文、专利文献、会议论文集、专著、科研成果报告、演讲报告、研究报告、编著等多种类型的学术产出。

截至 2024 年 8 月，CAS IR GRID 已整合的文献总量达到 120 万条，其中包含了近 91 万篇期刊文献、14 万篇会议论文、11.4 万件专利文献。这一知识网格具备收集、发布及长期保存中国科学院全网机构知识库数字化研究成果的能力，用户在此平台上可检索并获取到中科院旗下各研究所的学术论文、工作手稿、预印本、技术报告、会议论文摘要及各种数字化格式的数据集等内容。

随着更多研究所陆续加入到 CAS IR GRID 的建设中，这一知识网格将持续发展壮大，呈现出更为丰富多元的知识资源，进一步推动中国科学院的科研成果开放共享和学术影响力的提升。

网址：http://www.irgrid.ac.cn/

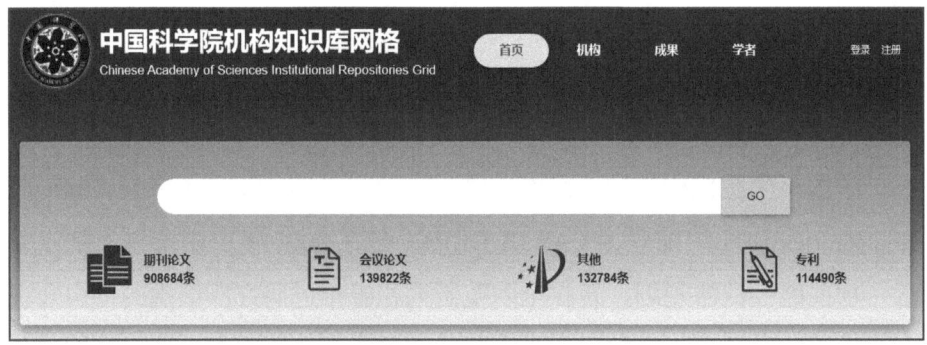

中国科学院机构知识库网格平台

## 72. 中国科学院数据云

中国科学院数据云立足于数据资产的核心地位，充分利用先进云计算技术，全面整合数据生命周期中的关键设施与资源，构建成为现代科研创新体系不可或缺的支柱力量，并作为大数据科研成果转化应用于社会实践活动的典范平台。该数据云集结了化学、生物学、天文学、材料科学、腐蚀科学、光学机械、自然资源、能源、生态环境、湖泊学、湿地研究、冰川学、大气科学、古气候学、动物学、水生生物学、遥感等诸多学科领域的科学数据库，汇聚了中国科学院数十个研究所的跨学科科研团队共同参与建设。

中国科学院数据云从基础设施、数据资源和应用平台三大维度出发，对资源和服务进行了深度整合与优化配置。截至目前，该云平台已成功整合近960.14 TB的可共享科学数据资源，服务用户数达到了13.25万人，累计在线访问量高达1.79亿人次，累计数据下载总量突破2286.72 TB。依托强大的数据云环境，科研活动享受到了基于海量存储设施的云存储、云归档、虚拟机及数据云等一系列服务，为科学数据的高效管理和广泛共享提供了坚实可靠的运行支撑环境，有力保障了科研创新活动对数据存储的需求。

截至2015年年底，中科院数据云存储环境所提供的运行服务总容量达到了52 PB，其中，云存储规模已扩展至8 PB，配备有大约300台物理服务器，并具备5000多台虚拟机的强大计算服务能力。在数据归档方面，总容量已达38 PB，每天的归档能力超过20 TB，且拥有在线磁盘阵列容量2 PB，以及近线磁带库存储容量高达30 PB的高效归档系统。此系统采用了分布式的架构设计，建立了包括一个主中心、一个备用中心及12个分中心在内的全国布局，形成了"一主一备＋12分中心"的分布式、弹性可扩展存储系统，能够提供符合国家5级标准的"同城双中心"和"多地三中心"等级别的灾难恢复服务，确保数据的安全与稳定。

## 73. 中国空间站的国际开放合作

作为航天大国崛起的关键元素，国际合作始终是中国航天事业发展不可或缺的部分。中国空间站不仅是我国国家级的太空实验室和彰显国家实力的亮丽名片，更是全球范围内至关重要的国际合作交流平台。2022年

10月31日，中国成功发射"梦天"实验舱进入太空，并圆满完成了与"天和"核心舱的精准对接任务，标志着中国空间站"天宫"的建设取得了里程碑式的胜利，自此，中国空间站正式迈入了应用与发展的新阶段。

凭借中国空间站的建设与发展，中国为全球尤其是发展中国家和新兴航天国家提供了宝贵的机会，使其得以更广泛地参与航天事业，投身全球空间技术创新活动。回溯至2019年6月12日，在奥地利维也纳举行的联合国和平利用外层空间委员会第62届会议期间，中国载人航天工程办公室与联合国外层空间事务司共同主办了一场发布会，揭晓了首批入选联合国与中国合作的空间站空间科学实验项目名单，共有来自全球17个国家的23个科研实体提交的9个项目脱颖而出。联合国外层空间事务办公室明确指出，中国通过与联合国外层空间事务司的合作，向联合国所有会员国敞开使用中国空间站的大门，此举构成了联合国倡导的"全球共享太空"倡议的实质性举措。

中国空间站推出了多种层次的合作模式，基础合作模式下，合作方只需承担一定的费用，便可通过中国全程负责完成相关实验项目，对合作国家的技术门槛要求极低，意味着更多符合条件的发展中国家有机会利用中国空间站开展尖端的技术研究和科学实验。而在更高层级的合作模式中，合作国家甚至可以自主研发制造实验设备，在中国空间站外部自行展开实验，空间站仅提供搭载平台、宇航员支持等基本服务，这一模式极大地便利了技术发达的国家开展自主研究。这些灵活多样、按需选择的合作机制，正是建立在中国积极响应联合国倡议、构建和完善开放包容的国际合作机制基础之上，展现了中国致力于推动全球航天事业发展、促进人类和平利用太空的决心与行动力。

## 74. "中国天眼"的开放共享

500米口径球面射电望远镜（Five-hundred-meter Aperture Spherical

radio Telescope，FAST）称"中国天眼"，是现今全球最大单口径、最为灵敏的射电望远镜，由中国科学院国家天文台主导研制，拥有一流的自主知识产权。自 2020 年 1 月顺利完成国家验收并正式启动运行以来，"中国天眼"始终保持高效稳定的运行状态，迄今为止已成功探测到超过 300 颗脉冲星，并在快速射电暴等前沿研究领域取得了一系列重大突破性成果。

2021 年 3 月 31 日，"中国天眼"向全球科学界敞开了怀抱，正式发起全球征集观测申请，邀请世界各地的天文学家积极参与观测项目。该开放共享程序主要包括申请征集、项目评审、结果公示及观测使用四个主要环节。同年 3 月末，宣布开启全球观测申请征集后，来自世界各地的科学家踊跃递交申请；申请截止后，所有国外申请项目被纳入统一的评审体系；7 月份，全球翘首以待的评审结果如期对外发布；紧接着，自 8 月起，通过评审的项目依次展开观测活动，预计分配给自由申请项目的总观测时长约 1800 小时。

此次全球征集期间，收到了来自不同国家共计 7216 小时的观测申请。经过严格评审，共有 14 个海外国家的 27 个国际科研项目脱颖而出，成功获批，并于 2021 年 8 月正式启动科学观测工作。

基于"中国天眼"开展的国际合作，体现出了中国在射电天文学领域积极参与全球科学研究、促进开放科学理念的实践和推广。通过国际合作，各国科学家不仅能够使用"中国天眼"这一世界级的科研设施，还能在观测数据、研究成果和科研经验上进行广泛交流与共享，共同推进天文学科的发展。"中国天眼"在国际合作中不仅提供观测硬件支持，还在数据处理、算法开发、人才培养等方面与国际伙伴进行深入合作，共享技术资源和经验。

作为斥资 6 亿元人民币精心打造的大型天文观测装置，"中国天眼"通过开放共享的方式，已成为促进全球天文学界沟通交流、共创科研成果的重要平台，既展现出中国积极推动科技领域对外开放与国际合作的姿态，也有助于凝聚全球科研力量，共同填补既有科研空白，催生更多前沿的天文学研究成果，有力推动全球空间科学研究的发展和进步。

"中国天眼"全景图

## 75. 重大科研基础设施和大型科研仪器国家网络管理平台

重大科研基础设施和大型科研仪器国家网络管理平台以全面提升科研设施与仪器的高效利用和开放共享为导向，着力于五个关键功能模块的建设和完善：一是严谨周密的评估考核机制，依据完善的评价考核体系，对管理单位的科研设施与仪器开放共享绩效进行全面、细致的对比分析和综合评估；二是精细化的管理评价体系，对各管理单位的科研设施与仪器的分布状况、使用效率和共享程度实施动态监控，并通过可视化手段呈现多维度统计分析报告；三是便捷高效的在线服务功能，平台连接管理单位在线服务平台，实时提供科研设施与仪器的基本信息、服务内容，实现实时预约下单，助推科研仪器的便捷使用；四是全面立体的信息展示窗口，确保全国各地管理单位的科研设施与仪器基本信息、区域分布、共享状况及相关的开放政策法规得以及时发布与详尽展示；五是深度融合的信息集成服务，将各类科研设施与仪器的开放共享状态、运维服务记录等关键数据整合于一体，实现信息资源的高效利用和互联互通。

截至2021年2月，这一重大科研基础设施和大型科研仪器国家网络管理平台已延伸至全国31个省级行政区、5个计划单列市、新疆生产建设兵团，以及隶属37个国务院部门（直属机构）的近5000家管理单位；平台已吸纳了覆盖600多类、原值超过50万元的大型科研仪器数据超10万台套（总原值接近1500亿元人民币），并录入了4000多条共享管理制度和指导方针，累积了逾100万条仪器服务使用记录，充分展示了我国在科研资源共享领域的重大进展和显著成效。

## 76. 欧盟开放获取基础设施项目 Open AIRE

2009年，在欧盟第七框架计划的资助下，OpenAIRE得以创立，旨在监督和推动开放获取政策的有效执行。作为一项国际级的开放获取基础设施，OpenAIRE如今正致力于成为欧洲开放科学云（EOSC）的核心支撑力量，力求将开放科学的理想转化为现实。随着开放科学的不断演进，对信息资源的整合方式、组织结构、应用场景等提出了更高的要求和挑战。

通过共享科学知识引领社会变革是OpenAIRE的愿景，旨在为公民、教育工作者、投资者、政府官员及产业界人士提供接触科学、利用科学改善生活、优化职业环境和社会创新的可能性。其肩负的使命是重塑学术交流的格局，使之变得更加开放和透明，并开辟崭新的学术交流路径与成果监测机制。

OpenAIRE致力于协助科研人员理解和遵循开放获取政策，也为科研管理者和决策者提供了追踪项目产出和监控资助受益者履行开放获取承诺的有效工具。为此，OpenAIRE建立了一个一体化的开放获取知识库集成服务门户，能够自动抓取和整合全球各地，尤其是欧洲的开放获取知识库内容，提供一站式的检索、浏览、获取服务，并支持复杂的统计分析功能。

回顾 OpenAIRE 的发展历程，可以划分为 3 个发展阶段。

第一阶段包括 OpenAIRE 和 OpenAIRE Plus 项目，主要任务是汇集全球范围内的资助研究成果，构筑起不同类别信息资源间的网络，以加速科研进程，推动跨学科研究的繁荣与发展。

第二阶段涵盖 OpenAIRE2020 和 OpenAIRE Connect 项目，其核心目标是深化知识组织与服务能力，强化既有数据与开放数据之间的关联性、引证关系、语义链接建设，并嵌入多样化服务，从而促进知识的开放发现、再利用、评估与传播。

第三阶段也就是目前正在进行的 OpenAIRE Advance 阶段，旨在整合升级现有的设施与服务功能，进一步拓宽全球开放获取和开放数据网络的覆盖范围和影响力，确保开放科学真正落地生根，普惠全球科研群体。

网址：https://www.openaire.eu/

Open AIRE 项目标识

## 77. 开放研究欧洲

开放研究欧洲（Open Research Europe，ORE）是一个由欧盟委员会官方支持和运营的创新型学术出版平台，专注于推动科研成果的开放获取与即时发表。自 2021 年成立以来，ORE 已经成为欧洲乃至全球开放科学运动中的重要一环，致力于彻底改变学术研究成果的传统发布模式，促进科学知识的无障碍传播和最大化利用。

ORE 的核心目标是服务于接受欧盟"地平线 2020"和"地平线欧洲"

框架计划资助的科研项目，为科研人员提供一个免版税、即时发表、完全开放获取的高质量出版平台。所有在 ORE 上发表的文章均遵循严格的同行评议流程，确保学术内容的科学严谨性和创新性，同时避免了传统学术出版中高昂的订阅费用和访问限制，使得全球公众能够免费阅读和下载这些前沿研究成果。

该平台不仅支持发布最终的同行评议论文，还鼓励科研人员在研究过程的不同阶段公开数据、方法和初步结论，以加强科学的透明度和可重复性。ORE 致力于构建一个包容性更强、交流更为顺畅的科研环境，促进跨学科和跨国界的科研合作。

通过 ORE，科研人员可以快速分享研究成果，降低学术壁垒，加快科学知识的传播速度，从而在更大范围内激发创新思维，推动科研进步。此外，ORE 也是对传统学术出版模式的补充与挑战，顺应了全球学术界对开放科学和开放获取出版日益增长的需求，为未来的科研交流和知识传播树立了新的标杆。

## 78. 全球研究数据基础设施项目

全球研究数据基础设施（Global Research Data Infrastructures，GRDI）项目的目标是构建一个全球性的研究数据基础设施，提供一个开放的、可扩展的、可靠的、可发展的数字科学的"生态系统"。预计，这将使科学研究转变到新的、难以想象的方向，与来自不同学科和国家的科研人员进行合作，解决社会上最伟大的技术问题。

CRDI 支持开放关联的数据空间。开放的科学数据"空间"需要连接来自从不同领域、学科、地区和国家的数据集。研究人员可以沿着这些关联关系浏览相关的数据集。

GRDI 支持科学数据和文献之间的互操作性。科学数据必须和文献统一起来，可以相互引用，以加快"信息速度"和提高研究人员的生产力。

未来的科学数据基础设施必须做到支持数字数据图书馆和数字研究库之间的互操作性。

GRDI 认识到开放科学需要开放的数据，并形成共识：研究人员参加的工作必须是开放的，可以自由地阅读和引用他人的工作成果；需要综合的科学政策框架，以帮助管理这个复杂的新世界；必须提供开放，不仅是指对数据的访问，也包括科学分析和方法。这一原则超越了技术要求，必须在法律和政策上给予保障，由此产生的"开放科学"和"开效获取"的原则必须得到广泛接受，并纳入一个综合性的科学政策框架。

GRDI 项目主要关注以下几个方面。

(1) 数据标准化和互操作性

通过制定统一的数据标准和规范，确保不同来源、不同类型的研究数据能够在一个共同的框架下进行整合和分析。这有助于提高数据的可用性和可比性，从而为科研人员提供更有价值的信息。

(2) 数据管理和存储

建立一个安全、可靠的数据存储和管理系统，确保研究数据的完整性、可追溯性和长期保存。这包括采用先进的技术手段，如云存储、分布式计算等，以满足日益增长的数据存储需求。

(3) 数据共享和开放获取

鼓励和支持科研数据的开放共享，以便全球科研人员能够充分利用这些数据资源，推动科学发现和技术创新。这包括建立相应的政策和机制，以确保数据共享的公平性、透明性和可持续性。

(4) 培训和能力建设

通过开展培训和教育活动，提高科研人员和学生在数据管理、分析和可视化等方面的技能，以充分发挥研究数据的潜在价值。这还包括加强国际合作和交流，促进全球科研数据领域的人才培养和技术传播。

(5) 跨学科和跨领域合作

鼓励不同学科和领域的科研人员共同参与 GRDI 项目的建设和实施，

以实现研究数据的多元化和综合性应用。这有助于打破学科壁垒，促进科学研究的交叉融合和创新发展。

GRDI 项目不仅代表着一种新型的数据管理模式，更是对全球科研合作、知识传播和创新效率提升的强有力支撑。通过实现数据标准化、互操作性、共享和开放获取等目标，科研数据不再是孤立的存在，而是成为全球科研资源池的一部分，从而极大地推动了科学研究的开放性、透明度和创新效率的发展与提升，为应对全球性挑战，如气候变化、健康医疗、环境保护等，提供了强大的数据支持基础。GRDI 通过不断适应和引领数据密集型科研时代的变革，为构建全球开放科学环境做出了积极贡献。

## 79. 研究数据基础设施国际协作项目

研究数据基础设施国际协作项目（International Collaboration on Research Data Infrastructure，iCORDI）是一个全球性的合作框架，由欧盟第七框架计划资助，并获得了 NSF 和澳大利亚国家数据局的资助，旨在促进研究数据基础设施之间的协作与整合。它为研究人员、数据管理者和决策者提供了一个共享最佳实践、技术和经验的平台，以支持开放科学和研究数据的可持续管理。

iCORDI 以 3 个互补方案为基础：分析方案，审查来自各个科学界的数据组织技术和解决方案；一个原型计划，支持一系列关于欧盟－美国特定科技社区群体互操作性的跨基础设施实验；展示其他两项成果的讲习班计划。该计划聚焦于优化科研数据的生命周期管理，包括数据的产生、存储、处理、分析、共享、再利用和长期保存等各个环节，以促进科研数据资源的开放、透明和高效利用。

iCORDI 通过建立跨国界的合作伙伴关系，汇集全球科研机构、数据中心、图书馆、政策制定者和技术供应商的力量，共同制定和推广研究数据管理的最佳实践与标准，以及研发支持数据开放共享的工具和服务。其目标在于解决数据孤岛、数据质量参差不齐、数据复用困难等问题，从而提升科研数据的价值和影响力。iCORDI 项目有以下显著特点。

①iCORDI 鼓励国家和区域性研究数据基础设施之间的合作，以解决跨境研究中的数据互通问题。

②通过定期会议和工作组，iCORDI 成员能够分享各自在数据管理和服务方面的最佳实践，从而提高整个社区的运作效率。

③iCORDI 致力于推动不同研究数据平台之间的技术互操作性，以便数据可以在不同的系统之间无缝流动和共享。

④该项目提供了培训和专业发展机会，帮助数据专业人员提高技能，并保持在快速发展的数据管理领域中的竞争力。

⑤iCORDI 支持制定和实施有关研究数据管理的政策和策略，以确保数据的长期保存和可访问性。

⑥iCORDI 倡导开放科学原则，支持研究成果、数据和代码对全球科研社区开放的做法。

⑦通过建立可持续的数据管理实践，iCORDI 有助于确保研究数据能够长期保存，并对未来几代科研人员有用。

总的来说，iCORDI 致力于构建一个全球互通、互信、互惠的研究数据基础设施，为全球科学研究和创新提供坚实的数据基础支撑。

## 80. 欧洲光子和中子数据开放基础设施项目

PaNdata ODI（PaN data Open Data Infrastructure）是欧洲光子和中子实验室提出的一个致力于推动光子和中子数据开放的欧洲基础设施项目，该项目的实施时间为 2011—2014 年，旨在创建一个综合性的平台，使得科学家能够便捷地存储、检索、分析和复用源自光子（如同步辐射光源、激光器等设施产生的数据）和中子（如散裂中子源产生的数据）实验的数据资源。这个平台不仅能够支持光子和中子学领域的数据共享，还能够提高数据开放性。

PaNdata ODI 作为欧洲开放科学和开放数据政策的实施载体，通过标准化的数据管理流程和先进技术，确保高质量的科学数据能够满足开放、透明、可复现和可再利用的原则。PaNdata ODI 支持数据的跟踪、保存和可扩展性，科学家们在遵守隐私、保密和知识产权的前提下，可以更容易地访问和利用这些数据进行研究，从而加速科学发现和技术创新，促进跨学科、跨国界的科研合作与知识传播。

PaNdata ODI 整合了欧洲各大光子和中子科学研究设施的资源，构建了一个兼容并包的数据生态系统，大大提高数据使用效率，推动科研成果的快速转化与应用，进一步巩固和提升欧洲在光子和中子科学研究领域的领先地位，推动光子芯片技术的产业化，有助于创造新的欧洲产业，并为包括量子计算在内的大量新应用打开大门。

## 81. 地球数据观测网络项目

地球数据观测网络（Data Observation Network for Earth，DataONE）项目是一个社区驱动的计划，通过提供跨多个成员存储库的数据访问，支持增强地球和环境数据的搜索和发现。DataONE 项目由美国新墨西哥大学图书馆承担，在加州大学圣巴巴拉分校国家生态分析与综合中心（NCEAS/UCSB）、橡树岭国家实验室（Oak Ridge National Laboratory）、加州数字图书馆（California Digital Library）、美国国家进化综合中心（NES Cent）等共同合作下，于 2009 年 8 月启动。2011 年 8 月，DataONE 发布支持数据管理培训的学习模块，并可在线获取，以供广泛使用。2013 年 2 月，DataONE 发布了 DataONE R 客户端，这是一个用于从 R 环境中访问 DataONE 中的开放数据以进行统计计算的软件包。2019 年 1 月，DataONE 的行政监督开始过渡到加州大学圣巴巴拉分校的国家生态分析和综合中心。

DataONE 目标是构建开放、悠久、稳定和安全访问地球观测数据的基础设施,通过普遍获取有关地球生命和维持地球生命的环境的数据,帮助研究人员、教育工作者和公众使用 DataONE,更好地了解和保护地球上的生命及维持生命的环境,实现新的科学和知识创造。DataONE 将保证跨领域、跨国家科学数据的长期保存和访问。DataONE 能够打破学科领域的界限,提供从基因到生态系统的生态数据,提供空气、海洋气候等环境方面的数据,提供安全可靠的、长期的数据保存和访问。

## 82. 社会科学与经济创新的开放数据基础设施框架

社会科学与经济创新的开放数据基础设施框架(Open Data Infrastructure for Social Science and Economic Innovations,ODISSEI)是一个旨在促进社会科学和经济学领域数据开放共享、提升研究效率和质量的创新性平台。ODISSEI 是荷兰社会科学领域最大的开放数据基础设施框架,该框架由欧盟委员会资助,通过整合荷兰及欧洲其他国家的相关资源,为研究人员提供了一个统一、安全、便捷的数据访问和分析环境。

ODISSEI 框架提供 4 种服务:微数据访问(Microdata Access)、LISS 面板访问(Liss Panel Access)、OSSC 超级计算机访问(OSSC Secure Super computer)、资助研究项目(Financed Research Projects)。ODISSEI 框架有四个集成工作流:①数据设施——以安全和规范的方式访问、链接和分析敏感数据;②观测平台——维持(保持)和优化有价值的、长期的数据集;③实验平台——利用创新的数字技术开辟新途径探索新方法;④中心——获取更为复杂全面的建模技能和方法。

ODISSEI 汇集了多个来源的微观和宏观社会经济数据,包括人口普查数据、行政记录、调查数据、企业数据等。通过 ODISSEI,研究人员可以访问大规模的、纵向数据集和创新多样的新型数据,并可链接到荷兰统计局(Statistics Netherlands,CBS)的管理数据中。研究人员可利用该平台提供的多渠道数据，解决新型问题、跨学科问题等，或以新的方式研究现有问题。

ODISSEI项目的目标是打破数据孤岛现象，通过提供一个统一的平台来整合分散在不同数据库和机构中的数据资源，从而降低研究者在寻找和处理数据时的难度和时间成本。此外，ODISSEI还强调了对数据质量的重视，确保所共享的数据具有较高的可靠性和准确性。通过ODISSEI框架，社会科学家和经济学家能够更高效地进行数据驱动的研究，推动学科领域的创新与发展，同时，也为政策制定者提供了基于实证证据的决策支持。总的来说，ODISSEI项目代表了社会科学和经济创新领域在开放数据方面的最新进展，它通过构建一个强大的基础设施，不仅提升了研究的效率和深度，也为跨学科的合作和创新提供了可能。

网址：https://odissei-data.nl/en/

ODISSEI 标志

## 五、开放学术评价

## 83. 同行评议

同行评议（Peer Review），从广义上说，是指某一或若干领域的一些专家共同对涉及上述领域的一项知识产品进行评价的活动。狭义的同行评议，即作者投稿以后，由刊物编辑部邀请相关领域专家学者，评议论文的学术和文字质量，提出意见和判定，依据评议结果决定是否适合在本刊发表。

传统的同行评议通常强调 2 个基本点：一是匿名；二是独立思考和判断。同行评议的具体操作形式，根据作者与评议人之间的了解程度，大致分为 3 种：一是单盲同行评议；二是双盲同行评议；三是公开同行评议。

同行评议的操作由来已久，形式也多种多样。其在期刊领域应用的雏形可以追溯到 17 世纪中叶英国皇家学会刊物的创刊，当时该刊的主编开创了请同业人士评定文章发表与否的先河。经过几百年的发展，这种评议的基本思想大致没有发生根本的变化，但期刊的数量和承载的信息量有了质的飞跃。20 世纪中叶以后，同行评议成为科技期刊出版的基石，这与科技进步引发的论文数量的激增及期刊种类和数量的翻番不无关系。没有同行评议就没有庞大的科技期刊出版业；同行评议的质量是期刊出版质量的先决条件和重要保障之一。

同行评议是学术出版过程的一个重要方面，有助于保证出版的研究论文具有高质量，符合学术界的标准，从而更好地维护学术领域的道德和置信度。但是，同行评议也存在一些不足之处。

一是主观性和创新非共识的问题导致了那些突破性、原创性、颠覆性的成果往往难以得到及时而公正的评价。这类创新成果通常因其超前性、与主流认知的不同、对既有结论的挑战或对权威的质疑而难以让评价专家达成共识。长期以来，基于"研究成果需要经过时间考验"的观点，这种"创新非共识"的现象持续存在。这意味着那些具有重大突破性的科研成果可能在初期阶段就被低估或忽视，因为它们往往不符合现有的认知框架或主流科学观点。解决这个问题需要建立更加灵活和包容的评估机制，以便能够识别和赞赏那些具有潜在变革能力的研究成果。

二是同行评议制度普遍面临着一种困境，即评审人同时是研究领域的参与者。虽然可以通过避免让同一个学者或同一工作单位的同事同时担任评审人和被评审人的角色来减轻这种现象，但很难完全避免同专业、同学科的同行学者在进行专业学科的评议时既是参与者又是评审者的状况。这种情况下，评审人可能会受到自身研究兴趣和专业偏见的影响，难以从更广阔的学术界和社会的角度来考虑问题。为了克服这些问题，可以考虑引入跨学科评审、匿名评审、扩大评审人员来源范围等措施，以提高评审过程的客观性和公正性。

三是同行评议容易呈现科学界的小集团思维。等级制和孤立性使评议结果极易受到小集团思维的影响，从而阻止群体内部发生冲突，难以产生群体成员自由阐述其思想的空间。

## 84. 开放式评价

开放式评价是一种强调开放、透明、多元参与的评价体系，它颠覆了传统封闭式、单一评价主体的评价模式，倡导评价过程和结果的公开、交互与共享。开放式评价是开放科学运动中的一个重要组成部分，与传统封闭式的同行评议相比，具有多项优势。

首先，开放式评价能够展现一部分科学工作的幕后过程，这对于验证科学论点是很有帮助的。同行评议的历史可以被记录和公开，这样就能够揭示出关键的观点和决策过程，为读者和研究人员提供了丰富的背景知识。

其次，这种方式还能使同行评议本身成为一种学术成果，认可了评议专家的劳动价值。同时，同行评议的历史也可以用作教学材料和科普资料，供机器读取，便于对其进行深入的分析和讨论。

在技术层面，开放式评价由"方法创新＋大IT"构成，大IT包括互联网、数字、人工智能、大数据等。在该评价体系中，评价主体包括同行专家、评价专家及相关专家在内的广泛学术界及社会人士。开放式评价涵盖规范展示、规范确认、规范推荐3个方面的内容，其核心要素包括"展示""定位""查新""挑错""荐优""比较""综合"等。

开放式评价在教育、科研、公共服务等多个领域均有应用，其核心特点体现在以下5个方面。

一是开放性。评价过程和结果对所有利益相关者开放，包括学生、教师、家长、同行、公众和政策制定者等，这样可以增强评价的公信力和透明度。

二是互动性。开放式评价鼓励各方参与者之间的互动和反馈，评价不仅仅是由权威专家给出，还包括自我评价、同伴评价、社区评价等多元评价方式，促进评价对象的成长和发展。

三是持续性。开放式评价不仅关注一次性的测试成绩或产品，更注重过程性评价，即个体或项目在发展过程中的进步与改进，评价贯穿整个学习或研究周期。

四是个性化。考虑每个评价对象的独特性，评价标准和方法更具灵活性，以适应评价对象不同的背景、能力和需求。

五是透明度。评价标准、评价过程、评价结果及如何利用评价结果改进教学或科研的过程都应当清晰透明，以便各方理解并给予合理反馈。

开放式评价有助于促进知识的扩散、创新能力的培养，以及教育资源和科研成果的最大化利用。在教育领域，开放式评价可以表现为对学生的作业、项目、课堂表现、学习进步等多方面的全面考察；在科研领域，开放式评价则可能体现在同行评议的开放化、预印本的公开讨论及科研数据和成果的共享等方面。

开放式评价及其实施将会引起体制机制及管理方面的 6 项变革：一是开放式评价实现学术评价的客观化和多元化；二是建立学术优先权系统，落实学术优先权制度；三是及时甄选学术带头人，让一流人才充分发挥作用；四是建立真正的学术市场；五是新型科研机构的出现与发展；六是开启学术创业潮流。

## 85. 开放式同行评议

开放式同行评议（Open Peer Review）即开放式的审稿过程，不仅能够公开审稿人身份、作者信息、审稿意见，还能够让公众参与审稿过程。开放式同行评议旨在破解"创新非共识""评价主观化""运动员裁判员一体化"的缺陷，实现学术评价的客观化与合理化。

开放式同行评议包括 6 个方面：一是"开放参与"，强调更多的同行参与评审过程；二是"开放身份"，强调评估者与被评估者之间相互公开身份（传统的同行评议则是单盲同行评议）；三是开放评审报告，即评审意见与文章一起发表；四是开放评估平台，在发表前或发表后对提交的论文进行访问，通过专门的平台邀请公众发表评论；五是开放性互动，使作者和审稿人之间，以及不同审稿人之间形成一种开放的相互交流的方式；六是开放预审稿，通过 arXiv、bioRxiv 等预印本服务器，即时提供手稿，以改进任何传统的同行评议过程。

开放式同行评议包括 3 种模式：一是完全开放式同行评议，即评审意见在各个阶段均为公开状态，评审过程完全透明；二是有限开放式同行评议，具体包括发表前的开放式同行评议与发表后的开放式同行评议，前者是作者论文成稿以后即可上传稿件到系统中，系统将其匿名发布到对所有会员开放的平台，后者是指稿件在被同行评议以后，编辑部将审稿意见匿名公开并同时提供作者对于审稿意见的答复；三是部分开放式同行评议，指的是稿件经过传统的同行评议后,当作者对审稿人之间存在分歧导致退稿及审稿意见有质疑时,作者有权向编辑部申诉。

然而,开放式同行评议也存在一些潜在的弊端。评议过程的透明化可能会给参与者带来额外的压力。例如,评审专家不能隐藏自己的身份,无法拒绝评议低质量稿件。同样,期刊的主编、编辑和其他工作人员也可能因为评议过程的公开性而感到不适应。

尽管存在这些挑战,开放式同行评议仍然是推动开放科学向前发展的重要因素。它有助于增加研究的透明度,促进知识的自由流通,并为所有利益相关者提供一个更公平、更可信的评价体系。

## 86. 替代计量评价

替代计量评价(Altmetrics)是一种新兴的学术评价方法,它利用一系列非传统的指标来评估学术成果的影响力。替代计量学起源于论文层面计量(Article-level Metrics)和科学计量学 2.0(Scientometrics 2.0),在 2010 年由 Priem、Taraborelli、Groth 和 Neylon 联合发表的"Altmetrics: A Manifesto"中对其进行了详细阐述。Piwowar 在 *Nature* 发文倡议替代计量学将能更全面地测度科研产出的影响力。与传统基于引文的计量指标(如影响因子、H 指数等)不同,替代计量评价侧重于社交媒体、学术网络、媒体曝光、政策文件、教育平台等多方面的数据,以更全面地反映学术成果的影响范围和受众群体。

在开放科学的环境中,替代计量评价发挥着至关重要的作用。开放科学倡导的是研究过程的透明化、研究成果的开放获取及研究数据的共享,而这些都与传统学术评价体系有所冲突。传统评价体系往往侧重于发表在高影响力期刊上的论文,而忽视了其他形式的学术贡献,如预印本、数据集、软件工具等。

替代计量评价正好弥补了这一不足,它能够捕捉到开放获取论文、预印本、在线代码库、数据集等在学术社群及更广泛公众中的反响和互动情况。例如，一篇论文如果在社交媒体上被大量转发和讨论，或者在公共政策文件中被多次引用，那么即便这篇论文尚未发表在顶级期刊上，它的学术影响力也已经得到了体现。

此外，替代计量评价还能够追踪学术成果在教育和政策制定等领域的应用情况，这对于评估学术成果的实际影响力和长远价值具有重要意义。因此，替代计量评价不仅丰富了学术评价的手段，还为开放科学环境下多元化的学术产出提供了更为公正和全面的评价机制。

自 2005 年开始，作为开放科学体系中的一个重要组成部分，替代计量评价逐渐发展成为一种国际化趋势，被广泛应用于科研管理和科技政策制定方面。2005 年，世界各国开始建立以计量为基础的第二代科技评价指标体系，如英国的 REF2014 和 REF2021、美国的 STAR METRICS、澳大利亚的 ERA、加拿大的 CAHS、法国的 AERES、日本的 NIAD-UE 等。这些科技评价指标虽然各有侧重，但都是以计量指标为基础。2014 年英国大学"科研卓越框架"（Research Excellence Framework，REF）和 2015 年英国的《计量浪潮：研究评价与管理指标作用的独立审查》报告的发布，标志着科学评价计量潮的到来。

## 87. 影响因子

影响因子（Impact Factor，IF）是由美国科学信息研究所（Institute for Scientific Information，ISI）的创始人尤金·加菲尔德（Eugene Garfield）提出的，用于衡量期刊学术影响力的定量指标。这个概念最早出现在 1955 年，并从 1975 年开始由《期刊引证报告》（Journal Citation Reports，JCR）每年发布，用以评估上一年度世界范围内期刊的影响力。该指标由汤森路透旗下的 Web of Science 数据库每年发布，目前由科睿唯安（Clarivate Analytics）公司负责维护和公布。

期刊两年影响因子的计算方法如下：某一本期刊的影响因子是基于过去两年内（如2024年的影响因子计算的是2022年和2023年）该期刊所发表的论文在统计当年被引用的总次数，除以该期刊在前两年内发表的论文总数。计算公式为：

IF（2024）=（2022年和2023年发表的论文在2024年被引用的总次数）/（2022年和2023年发表的论文总数）

此外，还有期刊5年影响因子，其计算方法如下：5年影响因子=（该期刊前5年发表论文在统计当年被引用的总次数）/（该期刊前5年发表的论文总数）。这个指标考虑了一个更长的时间段内的引用情况，反映了期刊长期的影响力和论文的质量。与两年影响因子相比，5年影响因子提供了一个更全面的视角来评估论文和期刊的影响力，因而在学术界更受欢迎。

从计算公式看，影响因子虽然只和被引次数和论文数量直接相关，但实际上，它与很多因素有密切联系。决定影响因子大小的因素主要有5个方面：一是论文因素，如论文的出版时滞、论文长度、类型及合作者数量等；二是期刊因素，如期刊大小（发表论文数）、类型等；三是学科因素，如不同学科的期刊数目、平均参考文献数、引证半衰期等都会对期刊的影响因子和总被引频次产生影响，期刊的影响因子和总被引频次均以论文的引证与被引证的数量关系为基础；四是检索系统因素，如参与统计的期刊来源、引文条目的统计范围等；五是名人效应的影响。

影响因子现已成为国际上通用的期刊评价指标，它不仅是一种测度期刊有用性和显示度的指标，而且也是测度期刊的学术水平，乃至论文质量的重要指标。期刊影响因子对学术研究有着多方面的影响。首先，它是衡量期刊学术影响力的一个重要指标，反映了期刊上发表的论文被其他学者引用的频率，通常来说，影响因子越高的期刊，其发表的论文受到的关注和引用越多，学术影响力越大。其次，研究人员常常会根据期刊的影响因子来评估自己研究成果的质量和潜在影响力，倾向于选择高影响因子的期刊投稿，以期获得更广泛的学术认可。此外，影响因子还被用来确定期刊的排名，引导研究人员在选题和研究方向上进行选择，甚至影响到科研经费的申请和分配。

值得注意的是，虽然影响因子是一个广泛应用的评价指标，但它也有其局限性，比如它主要基于引文数据，可能无法全面反映期刊的所有方面，如专业性、创新性等。不同专业对应的期刊的影响因子差别很大，综合类的和专业类的期刊的影响因子差别也非常大。例如，一种综合类期刊，因为大类专业多，研究的领域广，所以引用率比较高，影响因子就高；而比较小类冷僻的专业，因为研究的人本来就少，所以被引用率低，相关专业类期刊的影响因子就低。因此，在使用影响因子评价期刊和研究成果时，应结合其他指标和实际情况综合考虑。

## 88. 开放科学监控器

开放科学监控器（Open Science Monitor）是欧盟委员会推出的一项服务，旨在监测和分析开放科学在欧洲及其他全球合作伙伴国家的发展状况。这一监控器通过收集最相关和及时的指标，为洞察开放科学的发展趋势提供了数据支撑。具体来说，它负责评估开放科学的发展及其趋势，并对各国及各科学领域的开放科学活动进行比较。欧盟委员会可以根据开放科学监视器提供的数据，制定新的政策以促进开放科学的发展。

开放科学监控器的设立基于替代计量学或新一代计量学的原理，这让它能够在评估开放科学活动时，不仅仅局限于传统的评价指标，而转向基于科学研究本身及其对社会影响力的新型评估指标。例如，它可以评估开放科学职业评估矩阵（Open Science Career Assessment Matrix，OS-CAM）的应用情况，这是一个从开放科学的角度出发，对研究人员职业生涯各阶段进行全面评估的工具，具有很强的可行性和实用性。

开放存取、开放科研数据、开放合作是开放科学目前发展相对成熟的

3 个领域，易于理解和进行评估。因此，开放科学监控器以这三大领域为核心特征，设定了一套指标体系，用于评估开放科学活动。通过开放科学监控器提供的数据和分析，科研人员、政策制定者和研究机构能够更好地了解开放科学的进展，识别其中的机遇和挑战，进而做出相应的策略调整和行动规划。此外，监控器还有助于测试开放科学评估的可行性与价值，进一步推动科研评估体系的革新。

总而言之，开放科学监控器是欧盟在开放科学实践中的一项重要举措，它通过提供翔实的数据和深入的分析，助力科研评估体系的现代化，并推动开放科学在全球范围内的发展。

网址：https://research-and-innovation.ec.europa.eu/strategy/strategy-2020—2024/our-digital-future/open-science/open-science-monitor_en

## 89. 盖茨开放研究平台

盖茨开放研究平台（Gates Open Research）是由比尔及梅琳达·盖茨基金会（Bill & Melinda Gates Foundation）推出的一个开放获取出版平台，旨在加快基金会资助的研究成果的出版速度，并确保这些研究成果能够为社会所用。该平台于 2017 年 3 月 23 日正式对外公布，并于同年秋季正式启动开放获取出版服务。

盖茨开放研究平台的建立受到了英国生物医学慈善组织 Wellcome 基金会的启发，后者在 2016 年年底启动了类似的开放获取平台。盖茨开放研究平台采用了 Wellcome 基金会开放获取平台的模式，通过这一平台，基金会资助的研究人员能够在提交论文后的当天或次日将其发表在网站上，平台随后组织专家委员会对论文进行同行评议。这种快速的出版模式大大缩短了论文从完成到发表的时间，提高了研究的可见度和影响力。盖茨开放研究平台不仅提供快速出版服务，还引入了开放同行评议的概念。这意味着评审过程是透明的，评审意见和作者的回复都可以公开查看，增强了研究过程的透明度和信任度。

盖茨基金会发言人表示，基金会将承担全部的论文处理费；同时表示，该平台有助于基金会所资助的发展中国家研究人员的科研成果出版，也可帮助他们躲避潜在掠夺性出版商带来的威胁。

平台的出版流程大致如下。

(1) 文章提交

提交是通过单页提交系统来完成的。内部编辑团队进行了一套全面的出版前检查，以确保所有政策和道德准则得到遵守。

(2) 出版与数据沉积

一旦作者定稿，文章将在一周内发表，使其被即时查看和引用。

(3) 开放的同行评议和用户评论

专家审稿人将被选中并受到邀请，他们的报告和姓名将与文章一起发布，还有作者的回应和注册用户的评论。

(4) 文章修改

鼓励作者发表文章的修订版。一篇文章的所有版本都是链接和独立引用的。通过同行评议的文章会被 PubMed 等外部数据库编入索引，并被纳入 Google Scholar。

此外，盖茨开放研究平台还尝试了名为"Child Development with the D-score"的试点项目，这个项目在 F1000Research 的合作平台上展示了完整的 Open Plus Books ＋方法，其中包括开放同行评议的功能。而另一种类型的出版物——非公开同行评议的 Open Plus Books，则在 2022 年年初启动。

总体而言，盖茨开放研究平台的建立是开放科学领域的一个重要进步。它通过提供快速出版服务和开放同行评议功能，促进了科研成果的快速传播和学术交流，也降低了出版成本，提高了研究工作的社会效益。

网址：https://gatesopenresearch.org/

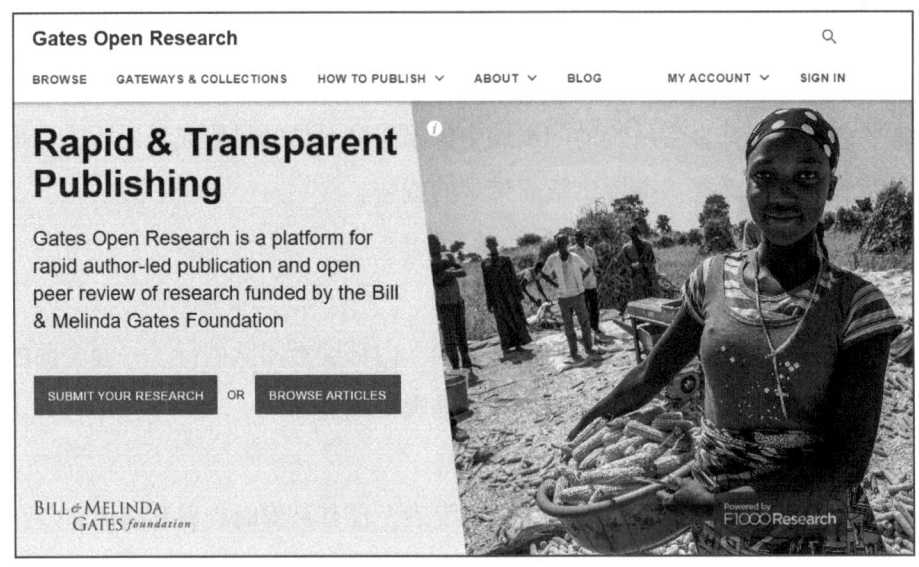

盖茨开放研究平台网站

## 90. Publons 平台

  Publons 平台是一个专门服务于科研人员的同行评议认证平台，由学者安德鲁·普雷斯顿（Andrew Preston）和丹尼尔·约翰斯顿（Daniel Johnston）于 2012 年在新西兰惠灵顿共同创办，2017 年，Publons 平台被 Clarivate Analytics 收购。Publons 平台的名称源自科学梗"Publon"，即能够达到发表要求的最少文字材料，同时暗含着"不发表即灭亡"的意味。

  Publons 平台的核心目标是提升同行评议工作的可见性和价值，激励并表彰那些在学术出版过程中默默付出、对科研质量把控起到关键作用的审稿人。Publons 打破了传统的审稿模式，鼓励审稿人将评审意见在线发布，进行分享和学术讨论，使审稿人的同行评语成为学术发表内容，将审稿工作和学术评论转化为可量化的学术产出，从而让科研人员的这些努力得到正式的认可和记录，进而成为学术成就的重要组成部分。截至 2018 年 4 月，该平台已集合 18 万名评审人，25 000 多家合作出版商，有 80 余万份评审意见得到认证。目前，已超过 2 000 000 名科研人员进行了注册。Publons

在学科分布和发展格局上已经远远超过仅以生物学和医学为主的 F1000。

在 Publons 平台上，每一名科研人员都有一个唯一的账号，这个账号关联着科研人员的完整个人信息和所有学术贡献，确保了科研人员身份的统一认证。通过这个账号，科研人员可以一站式地管理自己在各个期刊的审稿记录，无论是接受的还是拒绝的审稿请求，都可以在个人档案中得到体现。此外，如果科研人员在 Publons 平台的个人信息中声明了 Web of Science 出版物，他们将获得一个 Web of Science Researcher ID 编号，这个编号是永久不变的，即使科研人员更改了姓名或所属机构也不会改变。

Publons 平台的存在不仅有助于提升同行评议过程的透明度，而且通过量化审稿工作，为科研人员的学术贡献提供了另一种形式的证明。这对那些希望在学术界建立声誉的年轻学者或者希望拓展学术影响力的研究人员来说，无疑是一种宝贵的资源。

根据 Publons 官方网站的介绍，它的主要功能包括 5 个方面：让研究人员的同行评议工作获得认同，为此开发了同行评议的认证功能，为审稿人的学术成就提供权威的认证，这是此网站最主要和使用最多的功能；记录和存档专家评审过的文章和所撰写的评审报告；培训科研人员了解和学习如何审稿并且撰写评审报告；便于期刊主编和编委发现好的审稿人和专家；为专家申请新的职位、课题甚至技术移民等提供专业证据。

网址：https://clarivate.com/

Publons 平台及其现在所属公司 Clarivate Analytics 的 logo

## 91. PRC 出版模式

PRC（Publish-Review-Curate）是指预印本平台引入开放同行评议后所形成的一种新型出版模式，其出版过程逐步与传统学术出版交流体系相融合，并形成闭环。PRC 作为一种开放出版平台模式，能够与传统出版服务互补，形成对出版服务过程的整体优化。目前，bioRxiv、medRxiv 等 PRC 平台已经和一些期刊建立了双向合作关系，支持预印本进入期刊正式审稿流程。

PRC 是一种支持解构化出版过程的新型出版模式，其中以 Review Commons 为代表的第三方开放同行评审服务提供了一种将论文评审过程从特定期刊中独立出来的服务。Review Commons 平台的评审结果公开透明，旨在让评审者专注于文章的科学价值，而非特定期刊的标准，从而提供更加客观和可移植的评审服务。PRC 模式的核心是将科学评价与编辑决策分离，以实现更加透明和高效的出版体制。具体而言，Review Commons 平台能够为作者提供向合作期刊投稿的服务，并且这些期刊会按照透明同行评审的原则，认可平台提供的评审意见的真实性。这样一来，期刊可以更快地做出接受或拒绝文章的决定，也确保了评审过程的质量和公正性。Review Commons 等平台的出现为科研社区提供了一个更加灵活、高效和公正的出版选项，有助于推动科学进步和知识传播。

同行评议是保证学术出版品质的重要手段。PRC 模式的优势在于，预印本平台引入"先发表，后评审"的开放同行评议机制，兼顾了发表效率和发表质量。同时，这种模式可以与传统期刊出版模式相结合，有理由对其进行关注和投入，纳入高端交流平台的建设体系。

## 92. 欧盟"开放科学职业评估矩阵"

开放科学职业评估矩阵（Open Science Career Assessment Matrix，OS-CAM）是一项由欧盟委员会提出的新工具，旨在评估研究人员在开放科学实践中的表现和贡献。2017年，欧盟科学奖励机制工作组发布《全面认可开放科学实践的研究事业评估》报告，在这份报告中提出了多维综合评价框架——"开放科学职业评估矩阵"。这个评估矩阵基于开放科学的视角，对研究人员职业生涯各个阶段的工作进行全面评估，既考虑了研究人员的研究成果，也包括了他们在开放科学方面的具体行动和贡献。

开放科学时代，大学科研评价体系正在发生一系列变革。非学术影响在世界大学科研评价新常态和转型发展中占据了越来越重要的地位，英国的"科研卓越框架"、澳大利亚的"研究质量与获取性框架"、美国的"美国再投资科学与技术：科研对创新、竞争力和科学影响的评价"、荷兰的"情境中科研评价"等新政策，均体现了这一变化趋势。开放科学跨部门、跨地域、跨学科协同研究的学术品性赋予了大学科研评价的多维度特质。为激励开放科学，全面提升大学科研水平，欧盟设计并实施了开放科学职业评估矩阵。

OS-CAM模型的设计初衷是解决现有科研评估体系中存在的局限性，特别是对于那些难以用传统指标衡量的开放科学活动。它通过识别和奖励开放科学实践，鼓励研究人员采取更加透明和共享的科学方法，从而推动整个科研生态向开放科学转型。

OS-CAM涵盖了卓越科研人员更广域的学术能力，包括科研产出、科研过程、学术咨询服务和治理能力、科研影响力、科研对教学的贡献度等指标，具有较强的可行性和实用性。OS-CAM科研评估体系不再局限于传统的评价指标，而是开始基于科学研究本身及其对社会的影响力开发新一代评估指标。OS-CAM模型的运用有助于科研评估体系的创新，它不仅关注研究成果的数量和质量，还重视研究过程和结果的开放性、可访问性和可重复性。因此，OS-CAM 模型能够更全面地反映研究人员的职业发展和学术成就，同时为科研机构和政策制定者提供了评估和激励开放科学实践的有效手段。

## 93. Faculty of 1000

Faculty of 1000（F1000）是由全球最大的生物学和医学专家组成，为科研人员和临床医生提供快速发现、评价和发表一体化服务的综合服务系统，由出版企业家 Vitek Tracz 于 2002 年创立。Vitek Tracz 不仅是科学出版界的先驱人物，也是 BioMed Central 和 *Current Opinion* 期刊的创始人。

F1000 提供 3 项独特的服务：F1000Prime、F1000Research 及 F1000Posters。其中，F1000Research 是一种涵盖所有生命科学领域的全球开放获取期刊。在获得编辑部基本的科学性及完整性审核后，未经审稿人审稿的论文会立即被刊发在网站上。随后，来自受邀审稿人的评议意见也会与论文列在一起公开发布。F1000Research 刊发各种形式的文章，既包括传统的科研文章、综述、单项发现、案例报告、观察、实验指南，也包括一些其他科学出版商不可能发表的科研重复、无效结果或者阴性结果。

F1000Prime 是 F1000 三大核心服务之一，旨在通过指定专家对个别研究文章进行定性评估，其目标之一是充当影响因子的潜在替代品。F1000Prime 得分是论文质量的度量标准，也是判断一篇论文科学影响力的重要指标。F1000 将这些分数统计成了 3 种排名：Current Top10、All Time Top10 和 Hidden Jewels。开放科学研究领域需要的评价数据主要来自 F1000Prime，目前，F1000Prime 发表了大约 8000 名科学家和临床研究人员及 5000 名初级助理教师的生物学和医学文章推荐，总共涉及 44 门生物学和医学学科。

网址：https://www.f1000.com/

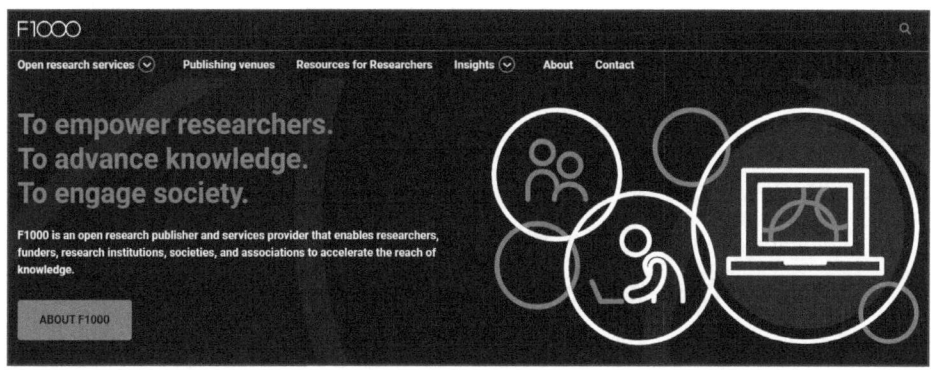

Faculty of 1000 网站

## 94. 新一代期刊评价指标

TOP Factor（Transparency and Openness Promotion Factor）是由美国开放科学中心（Center for Open Science，COS）于 2020 年 2 月发布的新一代衡量期刊学术质量和影响力的评价指标，它结合了多种评价维度，旨在提供更全面、更公正的期刊评价。TOP Factor 的命名来源于其旨在识别和表彰顶级期刊的目标。

COS 是一家第三方非营利性服务机构，向科研参与者提供开放科学服务，以促进科学研究的开放性、完整性及可重现性为目标，通过开发一系列软硬件设施向科研参与者提供各种开放科学实践渠道，搭建了开放科学框架并外接可扩展的第三方服务，使用户在统一界面能够享受文件和数据存储、数据分析等不同方面的开放科学服务。目前，COS 的全球用户已超过 15 万人，与近 300 个国家的科研人员建立了合作关系，公开科研文档 200 万份。

TOP Factor 主要基于《推进透明与开放指导方针》（Transparency and Openness Promotion Guidelines，TOP Guidelines），是一个由 8 项标准组成的框架，总结了可以提高研究透明度和可重复性的行为，如数据、材料、代码和研究设计、预注册和复制的透明度。TOP Factor 的计算方法融合了传统的引文分析指标，如影响因子和 H 指数，以及现代的替代计量指标，如社交媒体关注度、在线讨论热度、开放获取程度等。这种综合性的评价方法不仅考虑了期刊的传统学术影响力，也关注了其在更广泛学术社群和公众中的影响力。

TOP Factor 的引入是对现有期刊评价体系的补充和完善。它试图克服单一评价指标的局限，如影响因子可能过于侧重引用次数而忽略论文质量，H 指数可能忽视期刊的即时影响力等。通过综合考量，TOP Factor 旨在提供一个更为均衡和全面的期刊评价视角。

在实际应用中，TOP Factor 能够帮助研究人员、期刊编辑和学术管理者做出更明智的决策。研究人员可以根据 TOP Factor 来选择投稿期刊，期刊编辑可以利用它来评估和提高期刊质量，而学术管理者则可以用它来制定更合理的科研评价和资源配置政策。TOP Factor 作为一种创新的期刊评价指标，有望打破期刊影响因子的垄断地位，成为评价期刊及科学研究质量的新一代评价体系，推动学术出版向更加开放、透明和高效的方向发展。

网址：https://topfactor.org/

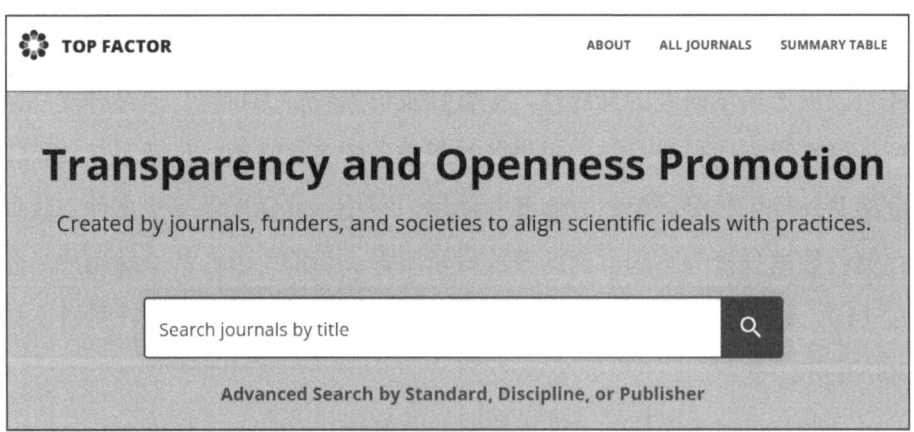

TOP Factor 网站

## 六、开源软件

### 95. 开源技术模式

开源技术是指软件代码可以公开查看、使用、修改和分发的技术开发模式。开源技术的最基本特征就是代码公开，任何人都可以阅读和修改这些代码。开源技术不仅包括了软件、应用程序，还包括硬件、设计、文档、工具等。这种模式的核心在于源代码和技术资料的公开性，意味着开发者可以自由地获取软件的源代码，对其进行阅读、学习和修改，以满足不同的需求和创意。开源技术的出现打破了传统软件开发的壁垒，促进了技术知识的共享与创新。

开源技术的发展得益于开源许可证的普及，这些许可证定义了开源软件的使用条款，保障了用户在遵守特定条件下的自由使用权。例如，GNU通用公共许可证（GPL）就要求任何对软件进行修改后发布的版本也必须采用相同的开源许可，以此鼓励软件的自由传播。

开源技术不仅在软件领域占据重要地位，其核心理念也逐渐扩展到其他技术领域，如硬件设计、数据科学、人工智能等。开源硬件的出现使得硬件设计的细节得以公开，促进了硬件创新；而在数据科学和人工智能领域，开源算法和框架的共享加速了技术的发展和应用。

开源不仅仅是一种技术模式，还具有强大的社交属性。开源社区是由一群志同道合的人组成的社区，他们共同追求某种目标。在开源领域中，社区是非常重要的，因为它提供了一个集思广益和分享知识的平台。同时，社区也能够促进软件开发者之间的互动和协作，从而推动整个IT行业向前发展。开源技术对开放科学、开放数据等一系列开放文化产生了有力的促进作用，推动了知识的民主化进程。

在开源技术方面，我国众多机构将内部业务检验的自研核心代码、底层技术，通过开源协同沉淀下来，走向对外开源，实现了操作系统、数据库、大数据、AI、云原生等核心技术领域的多点开源突破。作为一种自由而开放的模式，开源技术能够促进创新、提高软件品质、降低成本并提升安全性。尽管目前仍然存在一些挑战，但随着开源技术的不断发展和完善，相信其在未来将会有更多的应用场景和更广泛的影响。

综上所述，开源技术是一种促进技术知识共享、鼓励创新和协作的开发模式，它改变了软件和其他技术产品的开发和分发方式，对现代信息技术的发展产生了深远影响。

## 96. 开源软件

开源软件（Open Source Software，OSS）是指计算机软件的知识产权人，以预先确定的开源许可证条款为条件，纵向开放软件知识产权许可，允许后续软件使用者在特定授权范围内使用的软件。开源软件通常遵循某种开源许可证，如GNU通用公共许可协议（GPL）或者其他类似的开源协议。这些许可证保证了软件的自由和开放性，同时规定了使用者在使用、修改和分发软件时必须遵守的条件。

开源软件与传统的闭源软件仅提供编译好的可执行文件而不公开源代码的做法截然不同。相比之下，开源软件具有以下特点和优势。

（1）透明性

源代码开放，用户可以看到软件的内部运作机制，增强了软件的可信任度和安全性。

（2）协作性

全世界的开发者都可以参与软件的改进和维护，促进了软件技术的快速迭代和创新发展。

(3) 经济性

开源软件大多免费提供，大幅降低了用户的软件采购成本，同时允许用户根据自身需求定制软件功能。

(4) 可移植性与兼容性

开源软件可以被移植到多种平台和硬件设备上，有利于跨平台应用和系统的集成。

(5) 灵活性和可定制性

开源软件非常适合用在需要高度定制化的场合，如企业级应用、嵌入式系统和科学研究等领域。

(6) 安全性

因为源代码是公开的，所以任何人都可以检查代码的安全性，发现并修复潜在的安全漏洞，这使得开源软件在政府和金融机构等需要高安全性的场合得到了广泛的应用。

(7) 催化创新

开源软件鼓励创新和知识共享，许多顶级的开源项目如 Linux 操作系统、Mozilla Firefox 浏览器、Apache HTTP 服务器等，已成为业界的标准和基础。

开源软件遵循一系列开源许可协议，如 GNU 通用公共许可协议（GPL）、MIT 许可协议、Apache 许可协议等，这些协议规定了软件使用者的权利和义务，确保软件能在保持开放性的同时保障开发者的权益。开源软件社区活跃，通过集体智慧解决问题、编写代码，极大地推动了全球软件行业的进步。

## 97. 开源代码运动

开源代码运动，又称开放源代码运动，始于 20 世纪 70 年代末至 80 年代初，起初主要是个人和小团体自发分享软件源代码的行为。以下是其发展历程的主要阶段概述。

(1) 早期阶段（20世纪70—80年代）

在早期的计算机科学领域，特别是在学术界和黑客文化圈，软件代码常常被默认为是可以自由分享和修改的。Richard Stallman 在 1983 年发起了 GNU 项目（GNU's Not Unix），目标是创建一套完全自由的操作系统。1985 年，他还创立了自由软件基金会（Free Software Foundation，FSF），提倡自由软件的概念，即用户有权查看、使用、修改和分发软件的源代码。

(2) 许可协议的发展阶段（20世纪80—90年代）

GNU 通用公共许可协议（GPL）于 1989 年由 Richard Stallman 发布，这是一种典型的 copyleft 许可协议，要求派生作品也必须采用相同的许可协议。这种许可协议成为自由软件和后来开源软件运动中的基石。

(3) 开源宣言和运动兴起阶段（20世纪90年代之后）

1991 年，Linus Torvalds 发布了 Linux 内核，并采用 GPL，Linux 迅速成为一款成功的开源操作系统实例。1998 年，以 Bruce Perens 和 Eric Raymond 为代表的开源倡导者们，提出了"开放源代码"这一新词汇，以区别于自由软件运动，强调软件的商业化和实用性。同年，他们共同发表了《开放源代码定义》（Open Source Definition），明确了开源软件的标准。同年，开放源代码促进会（Open Source Initiative，OSI）成立，其致力于推广开源软件的概念，并审核和认可开源许可协议。

(4) 全球普及与成熟阶段（21世纪以来）

21 世纪初，开源软件在全球范围内得到广泛的认可和应用，包括企业和政府部门在内越来越多的组织和个人开始采用开源技术，如 Apache HTTP Server、MySQL 数据库、WordPress 内容管理系统、Android 操作系统等。包括 Red Hat、GitHub 等公司在内，通过提供技术支持、定制开发、咨询服务等方式实现了开源软件的商业化运作。近年来，开源项目在人工智能、大数据、云计算等领域取得重要突破，如 TensorFlow、Kubernetes、Hadoop 等开源项目成为行业标准。国际开源社区蓬勃发展，大量开源项目通过 GitHub、GitLab 等平台进行协作开发和管理。

综上所述，开源代码运动从最初的理想主义精神发展到现今成为全球软件开发和 IT 行业的重要驱动力，经历了从自由软件运动的萌芽到开源理念的广泛接受和应用的漫长过程。在这个过程中，开源不仅改变了软件开发和分发的方式，而且深刻影响了整个信息技术产业的发展模式和生态格局。

GNU 标志

## 98. GitHub

GitHub 是一个面向开源及私有软件项目的托管平台，因为只支持 Git 作为唯一的版本库格式进行托管，故名 GitHub。GitHub 是全球最大的开源代码托管平台，拥有 1 亿以上的开发人员，400 万以上组织机构和 3.3 亿以上资料库。

GitHub 于 2008 年 4 月 10 日正式上线，除 Git 代码仓库托管及基本的 Web 管理界面以外，还提供了订阅、讨论组、文本渲染、在线文件编辑器、协作图谱（报表）、代码片段分享（Gist）等功能。GitHub 的托管版本数量非常多，其中不乏知名开源项目 Ruby on Rails、jQuery、Python 等。作为开源代码库及版本控制系统，随着越来越多的应用程序转移到了云上，Github 已经成为管理软件开发及发现已有代码的首选方法。

GitHub 的主要功能包括：

（1）托管代码和历史版本管理

GitHub 可以自动记录代码的修改，并帮助用户快速回退到之前的版本。

### （2）搜索开源项目

在 GitHub 上可以搜索到大量的开源项目，遵守相应的许可证协议即可免费使用和下载。

### （3）社区回馈

在 GitHub 上分享项目，其他开发者可以参与，帮助完善项目功能、修复 Bug 和提升代码质量。

### （4）GitHub Pages 服务

可以免费搭建一个博客网站。

### （5）学习能力和提升影响力

参与 GitHub 项目可以提升技能、增加经验和提高影响力。

网址：https://github.com/

**GitHub**

GitHub 标志

## 99. OpenStack 云平台

OpenStack 是一个开源的云计算管理平台项目，它是一系列软件开源项目的组合，专为私有云和公有云提供可扩展且弹性的云计算服务。OpenStack 是由美国国家航空航天局（NASA）和 Rackspace 合作研发并发起授权的开源代码项目，其目标是提供一个实施简单、可大规模扩展、丰富且标准统一的云计算管理平台。

OpenStack 为私有云和公有云提供可扩展的弹性的云计算服务，涵盖了计算、存储和网络等多个方面。用户可以通过 OpenStack 的 Dashboard 界面或使用 OpenStack 客户端命令行工具来创建和管理资源，如虚拟机、存储卷和网络资源。如今，OpenStack 为全球 75 个公有云数据中心及上千个私有云的运行提供技术支持，整体部署规模逾 1500 万计算核心，OpenStack 基础设施平台适用于裸金属、虚拟机、图形处理单元（GPU）

及容器等多种架构的部署。

OpenStack 的社区力量是开源软件的一大亮点，也是其广受欢迎的原因之一。作为全球最活跃的开源社区之一，该项目背靠全球社区的支持，来自 188 个国家的 100 000 多名社区成员进行技术协作与创新，与行业伙伴共同构建开源生态，为全球公有云和私有云平台的运行提供技术支持，进而实现软件开发的成本节约、可控和可移植性。

OpenStack 项目自 2010 年成立以来，一直是云计算发展的重要基石。随着云计算的飞速发展，以及 5G、容器技术、边缘计算技术等的涌现，新兴技术间协作问题也成了 OpenStack 基金会（编者注：2020 年更名为 OpenInfra 基金会）推进的重点方向。Airship、Kata Containers、OpenInfra Labs、StarlingX 和 Zuul 等项目的不断成熟给予了基金会足够的信心，去推进和尝试所有开源项目之间的协作与整合。

OpenStack 是唯一可在单一网络中提供 APIs 来编排裸机、虚拟机及容器资源的开源集成引擎，OpenStack 于 10 年前率先提出开源基础设施理念，并逐步成为开源基础设施即服务（IaaS）的事实标准。近年来，人工智能、机器学习、边缘计算及物联网等领域涌现出众多新的需求，推动 OpenStack 项目为新的芯片架构及裸金属的自动化扩展等提供支持，实现了与众多开源组件的集成。

自 OpenStack 项目启动以来，它已经经历了多个版本的迭代更新，从最初的 Austin 版本发展到最新的 Newton 版本，技术日趋成熟，社区机制也越来越完善。随着越来越多的商业公司加入到 OpenStack 的社区中，OpenStack 已经成为开源云平台领域的领导者，成功取代了其他同类开源项目。

# 七、重大开放科学项目

## 100. Dryad 数字资源库

Dryad 数字资源库是一个非营利性学术数据存储库,它致力于支持科学研究数据的长期保存和开放共享。该资源库成立于 2008 年,由 NSF 资助,并与多家主流期刊合作,鼓励作者在发表论文时将相关数据一并提交至 Dryad,供其他研究者免费使用。其目标是与学术团体及出版机构、研究机构、教育机构、基金资助机构和其他利益相关机构构成学术交流体系,为多种多样的数据类型提供一个通用的平台,协同、维持和促进学术文献中基本数据的保护和再利用。

Dryad 数据库支持多种数据格式,包括文本、图像、表格、音频和视频等,提交的数据都会获得一个永久可解析的数字对象标识符(DOI),便于数据的引用和追踪。通过 Dryad,研究者可以轻松地查找、下载和重新利用高质量的科学数据,从而促进科学研究的透明度和可重复性。

Dryad 平台提供了衡量数据使用情况的指标,如查看次数、引用次数和下载次数,帮助研究者了解其数据的影响力。此外,Dryad 还简化了数据共享的过程,通过与《科学》系列期刊的整合,实现了数据沉积的自动化,进一步增强了科学工作的可重复性。Dryad 数字资源库对医学、生物学和生态学等领域的研究尤其有价值,它为研究者提供了一个集中式的高品质数据交换中心,有助于加快科学发现和创新的步伐。

Dryad 的最初版本发布于 2009 年,基于开源的 DSpace 存储软件。2019 年,Dryad 与加利福尼亚大学管理中心开发的数据发布服务 Dash 合并。Dryad 的会员资格开放给所有利益相关机构,如出版商、研究机构、图书馆和资助机构等。

网址：https://datadryad.org/

Dryad 数字资源库

## 101. 欧盟"第七框架计划"

1984 年，欧盟提出"研究、技术开发及示范框架计划"（简称"框架计划"），该计划旨在通过欧盟层面的资源整合，加强研发和创新能力，提升全球科技竞争力，从而确保其在全球市场中的优势地位。2005 年 4 月，欧盟委员会采纳了新的欧盟研究计划的建议，即欧盟第七框架计划（FPT）。该建议提出了促进欧洲的经济增长和加强欧洲的竞争力，认为知识是欧洲最大的资源。与前几个框架计划不同，第七框架计划为期 7 年（2007—2013 年），比过去更重视欧洲工业需求的开发研究、设立技术平台的工作和新的合作技术项目。尤其是那些通过与工业界对话确定的欧洲公众感兴趣的课题，帮助工业界开展国际竞争，并且在一些领域发挥世界领导地位的作用。同时，FP7 设立欧洲研究理事会，通过欧洲科学家的同行评议，重点支持那些促进欧洲在全球竞争中发挥作用的优秀项目。由此，国际合作将不再与框架项目分离，而是允许国际伙伴共同参与研究。第七框架计划总预算为 505.21 亿欧元，支持经过筛选的优先领域，致力于欧盟占领或保持世界某些领域的领先地位。整个 FP7 由 4 个专项计划和1个核研究特殊计划组成。

(1) 合作计划（Cooperation）

目标是通过工业界和研究院所的合作取得欧洲在关键领域的领导地位。对欧洲国家之间的合作项目和协调一致的国家级研究项目给予支持。合作项目要由子课题组成并能自主运行，同时协调一致，允许开展课题合作研究。

(2) 原始创新计划（Ideas）

该计划由欧洲研究理事会负责实施，支持有风险和高影响力的研究，在全欧范围内竞争，包括所有科学和技术领域，以促进新兴和快速产生影响力的领域达到世界级科学研究水平。

(3) 人力资源计划（People）

该计划的目标是通过与外国科学家的合作来加强欧洲研究，通过研究人员的流动建立持久的联系。具体实施则是通过"玛丽·居里行动计划"（Marie Curie Actions），进行培训、人员流动和研究职业发展，加强欧洲研究人才潜力的培养。

(4) 研究能力建设计划（Capacities）

目标是发展研究能力，使欧洲科学界在研究方面具有最强的能力。支持能够提升全欧洲的研究和创新能力的各类项目：研究设施；地区的研究群体；鼓励欧盟国家集中本地区的研究潜力、集合本地区的研究人员发展"地区知识"；依靠中小企业开展为中小企业服务的研究；"社会中的科学"问题和国际合作等活动。

(5) 欧洲原子能共同体计划（Euratom）

总经费为27.51亿欧元。该计划包括两个特殊计划：核聚变能研究计划、核裂变与辐射防护计划。

# 102. 欧盟"地平线2020"计划

截至2013年，欧盟框架计划共实施了7轮，累计预算1110.27亿欧元。

2011年，在欧洲债务危机的背景下，欧盟决定加大下一个科研规划的投入力度。为了突出科技创新的重要地位，新的规划没有按顺序称为"第八框架计划"，而改名为"地平线2020"（Horizon 2020, the EU Framework Program me for Research and Innovation），实施时间为2014—2020年。为了进一步提高科技创新效率，"地平线2020"整合了欧盟原有的框架计划（FP）、竞争与创新计划（CIP）和创新与技术研究院（EIT）三大科技创新计划，总预算近800亿欧元，因此成为欧盟历史上规模最大的研发创新计划。

欧盟"地平线2020"计划自2014年开始实施，具体包括三大战略优先任务、五大量化目标和七大配套旗舰计划，其中"构建创新型社会"居七大配套旗舰计划之首。"地平线2020"的宗旨是帮助科研人员实现科研设想，获得科研上的新发现、突破和创新，同时促进新技术从实验室到市场的转化。"地平线2020"以竞争性科技难题和国际前沿的研究为核心要素，坚持"三开放"原则，即"开放科学、开放创新、开放世界"，而开放共享科学出版物是这三项开放原则的具体体现和措施。多年来欧盟免费开放其科学出版物，使共享业务的开展取得了显著成效。

## 103. 欧洲开放科学云计划

欧洲开放科学云计划（European Open Science Cloud Initiative，EOSCI）旨在推动欧洲成为科学数据基础设施的全球领导者，为欧洲170万研究人员和7000万科学技术人员提供虚拟环境用于存储、分享、分析与利用科学大数据，采用数据驱动跨学科研究。欧洲开放科学云（European Open Science Cloud，EOSC）建设是EOSCI的核心内容。EOSC是欧盟委员会2016年提出的欧洲云计划的一个重要组成部分。EOSC门户网站是通用访问通道，所有欧洲科学家都可以通过它访问、分析和再利用跨学科的研究成果和数据。

EOSCI 规划纲领由两大部分组成：欧盟开放科学框架和数据开放与保护标准。其中，开放科学框架构成了 EOSCI 的核心内容，它通过促进科学合作、提供实验与分析的新工具，以及推动科学数据的开放存取，旨在使科研过程变得更加高效、透明和有效。在 EOSC 的建设和实施过程中，还需要制定一系列规范和标准来保护个人隐私、防止核心数据泄露等问题。这些规范和标准主要包括科学数据开放标准和科学数据保护标准 2 个方面。

EOSC 的治理依赖于 3 个组成机构间的相互作用。其中，执行委员会（Executive Board）侧重于在 EOSC 的实施进程中就战略、执行、监控与汇报提供相关建议与支持；EOSC 委员会（EOSC Board）负责召集成员国与欧盟委员会，以确保对 EOSC 的实施进行有效监督；利益相关方论坛（Stakeholder Forum）具备情报收集和咨询作用，负责将科学/用户团体、科研机构、科研基础设施与信息化基础设施及特定的欧盟机构聚集到一起。

从资源存储量、用户范围、服务成效及全球影响力来看，EOSC 已成为全球开放科学基础设施建设的典范。

## 104. 欧洲开放获取 "S 计划"

2018 年 9 月，在欧盟委员会和欧洲研究理事会的支持下，来自法国、英国、荷兰、意大利等 11 个欧洲国家的主要科研经费资助机构启动了开放获取科研资助联盟，并发起了开放获取 S 计划（Plan S）。该计划旨在帮助科学家和公众能够免费获取由公共基金资助的研究成果，消除出版物的付费壁垒，并采取更为积极的措施来削弱订阅期刊在学术交流系统中的主导地位。"S 计划"的具体要求是：从 2021 年起，所有由国家、地区、国际研究委员会及资助机构提供的、由公共或私人资金资助的研究成果，必须在开放获取期刊、开放获取平台上或开放获取知识库中立即提供，不允许有任何禁锢期。

S联盟在"S计划"中扮演主导者角色，负责制定计划原则、要求、实施指南、期刊标准和推进时间轴，拥有为科研人员提供资助、筛选符合要求的出版商、监控出版商服务和制裁不合规情况的权力。S联盟的主要利益需求是确保由S联盟成员资助的科研论文在2021年1月1日后全部开放获取。在"S计划"体系中，出版商扮演服务者角色，主要负责提供文章出版服务。科研人员为需求者角色，他们既需要在期刊上发表文章，也需要科研资助机构提供资金支持。图书馆主要扮演助推者角色，其利益需求主要是减少数据库订阅费支出，将数据库订阅费转换为开放获取论文出版费。

## 105. 欧洲人文社科领域开放基础设施项目

人文社科领域的学术资源碎片化及学术参与者的分散化导致该领域的科学研究面临种种阻碍。为了实现对人文社科领域学术资源的有效整合，更广泛地开展交流与合作，进一步释放学术资源，欧洲人文社科领域开放基础设施项目（OPERAS）应运而生。该项目是支持欧洲社会与人文科学的开放基础设施项目，协调和联合欧洲的资源，以有效解决社会与人文领域中欧洲研究人员的学术交流需求。OPERAS提供5大类型的服务，分别是认证服务、发现服务、指标服务、发布门户服务和社会研究服务。

OPERAS需要所有不同执行者之间有透彻的了解、强有力的协调和紧密的合作，以实现项目目标。项目实施过程中涉及多种类型、不同程度的参与者：致力于参加OPERAS活动的共同体在下议院议会中被称为"普通成员"；致力于管理OPERAS发展的组织被称为执行大会的"核心成员"；致力于支持OPERAS发展的欧洲和国际基础设施在大会中被称为"支持成员"。下议院议会规模较大，由各类普通成员组成，参与社区活动。核心成员所在国家/地区代表选举产生代表大会。

截至2021年3月，OPERAS项目已进行了6个方面的内容：OPERAS-D

设计研究项目、OPERAS-P 开发服务项目、HIRMEOS 专著研究项目、TRIPLE 发现服务项目、OADJS 开放获取钻石期刊研究和 COESO 社会合作问题参与项目。

网址：https://operas-eu.org/

## 106. 科技部"科学数据共享工程"

2002 年，我国政府开始实施"科学数据共享工程"。"科学数据共享工程"是中国国家科技基础条件平台的重要组成部分，通过国家政策调控和相应的法规保障，利用现代信息技术，整合离散科学数据资源，构建面向全社会的网络化、智能化的科学数据管理与共享服务体系，实现对科学数据资源的规范化管理和高效利用。

"科学数据共享工程"建设的总体思路是在国家的统筹规划下，应用现代信息技术，整合集成各部门、各单位的科学数据资源，充分利用国际科学数据资源，并通过制定共享政策、法规和完善管理体制，把各部门、各单位乃至个人所获取与积累的科学数据资源，纳入国家科学数据共享管理的统一框架；通过国家科学数据中心群和共享服务网的建设及共享技术的研究开发与应用，形成跨部门、跨地区、跨学科、多层次、分布式的国家科学数据共享服务体系。

"科学数据共享工程"自2001年年底启动第一个试点气象科学数据共享试点以来，截至中华人民共和国成立60周年，在资源环境、农业、人口与健康、基础与前沿等领域共24个部门开展了科学数据共享工作，已经初具规模。迄今为止，科学数据共享的理念已经在科技界得到广泛认可，形成了共享氛围和服务意识，逐渐改变我国科学数据封闭独享的局面，带动了跨行业的数据交换，在科技界乃至国内外产生了较大的影响。

## 107. 中国科学院"科技数据资源整合与共享工程"

迅速发展的信息技术正不断助推科研行为方式的变革和科技创新发展。世界各国把科研信息化作为科技创新的战略举措。科研活动信息化成为提高我国科研水平和创新能力的必要手段。基于此，中国科学院启动"科技数据资源整合与共享工程"建设。

该工程涵盖数据存储与管理云服务环境、海量科学数据分析与应用示范、科学数据整合与共享服务等3个子项目，着眼于"海·云"服务思想，开展海量存储基础设施服务、海量数据资源共享服务和数据密集型公共支撑服务，全面推进数据环境建设和持续深化数据应用。在全院50多家下属单位的共同参与下，中国科学院计算机网络信息中心作为科学数据库牵头建设和技术支撑单位，推动科学数据库在建库、整合和应用方面的成长。

从最早"七五"期间的15家单位和21个数据库，发展到"十二五"期间的58家单位和1340个数据库，中国科学院数据云整合了资源学科领域、植物学科领域等多个领域的数据库资源，共享数据量已从2.68 GB增加到655 TB，年均在线访问量超过千万人次，在支持科研项目、支撑学科发展和服务经济社会发展等方面均取得良好的效果，成为立足中国科学院、面向科技界、共享开放、服务创新的国家级科技数据中心。项目中积累的存储、处理与应用等资源整合为数据云一站式服务的相关技术，为持续推动科学数据云发展打下了坚实基础。

## 108. 科学数据银行

2021年1月27日，中国科学院计算机网络信息中心发布具有国际化服务能力的论文关联数据存储平台——科学数据银行（ScienceDB）。ScienceDB由中国科学院计算机网络信息中心自主研发，能够为论文关联数据的汇聚、管理、开放、共享提供高效的解决方案，为落实科研诚信、培育共享文化、加快数据流转和促进国际合作提供平台和服务保障。

"科学数据银行"的前身于2015年上线，起初聚焦于促进国内论文关联数据的开放共享，此后积极开展与国际高端学术品牌的交流，2020年被国际知名学术出版机构施普林格·自然列为推荐的通用型数据存储库。自创办起，ScienceDB就十分重视与广大学术期刊开展紧密合作，探索在我国实践开展"论文＋关联数据"的新型学术出版生态建设，聚焦于促进国内论文关联数据的开放共享工作，加快优质科学数据成果的内循环流通，推动数据再利用，实现数据价值再造，避免不必要的科研资金浪费，为净化我国科研环境和培育共享文化贡献力量。

## 109. 国家地球系统科学数据中心

国家地球系统科学数据中心的发展最早可追溯到20世纪80年代我国国土资源信息系统的研究与建立。1982年，中国科学院提出建设"科学数据库及其信息工程"专项，1987年，中国科学院自然资源综合考察委员会加入中国科学院科学数据库及其信息工程专项建设。1999年，科技部启动科技基础数据库建设项目，国家地球系统科学数据中心得到了初步发展和建设。

2003年，国家地球系统科学数据共享服务平台作为科学数据共享工程首批9个试点之一启动，开始探索研究分散科学数据共享机制、标准规范、关键技术等，为地球系统科学与全球变化等研究提供数据共享服务。2005年，该平台纳入国家科技基础条件平台，地球系统科学数据共享网进入全面建设阶段，扩充数据资源，培养人才队伍，建设形成了1个总中心、8个学科分中心、7个区域分中心和5个数据资源点，并于2010年开展对外服务。2011年，国家地球系统科学数据共享平台成为首批通过科技部、财政部认定的23家国家科技基础条件平台之一，纳入国家科技平台体系。目前，国家地球系统科学数据中心由科技部牵头，由国家科技资源共享服务平台统一管理，依托中国科学院地理科学与资源研究所，联合中国科学院、教育部、国家卫生健康委、国家海洋局等部委部门所属的160个科研院所、台站、高等院校等共同建设。

## 110. ISTIC-SN 开放科学联合实验室

ISTIC-SN开放科学联合实验室（ISTIC-SN Lab）是一个由中国科学技术信息研究所（ISTIC）与施普林格·自然（Springer Nature）于2021年7月共同建立的科研机构。该实验室的宗旨在于依托双方丰富的资源，开展开放科学领域的研究，并为科技管理人员、研发人员、社会公众及科学传播领域的专业人士等提供一个学术交流平台，以扩大双方在开放科学领域的学术影响力。

ISTIC-SN Lab的工作内容包括但不限于以下4个方面：①利用双方资源开展开放科学领域的研究工作；②设立研究基金，吸引国内科研人员进行开放科学相关研究；③组织培训活动、公开讲座和学术会议，并就相关研究项目组织学术交流活动；④以 ISTIC-SN Lab 的名义发布研究成果。

ISTIC-SN Lab 设立 ISTIC-SN Lab 开放基金，资助双方共同感兴趣的研究项目及研究成果的撰写与发布、以 ISTIC-SN Lab 名义发布的指南和分析类报告的撰写与发布、与上述活动相关的交流活动、双方共同感兴趣的以 ISTIC-SN Lab 名义组织的会议研讨培训等交流活动的组织和开展。ISTIC-SN Lab 开放基金每年会提出科研选题方向，面向广大科研人员公开进行开放基金项目招标，遴选和支持高水平研究工作。2023 年度 ISTIC-SN Lab 着重资助了以下两个研究方向：一是开放科学对科研诚信的影响研究；二是开放科学背景下科技文献创新性语义评价新方法研究。

ISTIC-SN 开放科学联合实验室的成立，标志着中国科学技术信息研究所首次与外部组织合作设立开放科学研究机构，此举对于推动我国的开放科学研究具有重要意义。

## 111. 中国科技云

中国科技云是自主设计、开放汇聚的新型国家级信息化基础设施。国务院印发《"十三五"国家信息化规划》，"中国科技云"纳入优先行动计划。中国科学院印发《中国科学院"十三五"信息化发展规划》，确立"中国科技云"建设任务。

自 2017 年第四届世界互联网大会上正式启动以来，中国科技云迅速发展。至 2019 年，中国科技云 2.0 的发布标志着其在高速科研网络、海量数据存储、大规模计算分析等方面的云化集成已初步实现，并建立了开放的资源与服务汇聚机制及技术体系。

2020 年 9 月，中国科技云认证联盟加入了跨国身份联盟组织 eduGAIN，进一步扩大了其国际影响力。目前，中国科技云已集成了高达 315 PFlops 的计算资源、150 PB 的存储资源以及数十 PB 的科学数据资源，拥有 1000 余款科研软件，提供包括网络、数据、计算、存储、认证等在内的 9 大类科研云服务。2022 年 11 月 28 日，公共服务云平台的上线运行，为科研工作者提供了一站式的云服务体验。

2023 年，中国科技云推出"开放科学推进计划"，致力于汇聚开放科学资源与服务，推动重大科研活动的进展，促进科技成果的快速转化。至今，中国科技云已为多项国家重大科技基础设施、国家科学数据中心、国家与院级重大项目以及国家级野外台站和国际大科学计划提供了强有力的支持。

在科技前沿领域，中国科技云为"高海拔宇宙线观测站（LHAASO）"提供了科研专网服务，实现了数据与算力的高效融合。同时，为"中国天眼"FAST 建立了百 G 链路，提供了云网融合的计算环境，有效支持了观测数据的快速传输和脉冲星研究。

针对国家重大需求，中国科技云为"托卡马克核聚变实验装置"提供了持续不间断的数据访问服务，确保了每年超过 10 PB 的数据访问量和超过 1 Gbps 的跨洋网络带宽。

在国民经济主战场，中国科技云为"中国生态系统研究网络"提供了高速科研数据传输和存储服务，以及数据处理和计算模拟服务。面对国际科技合作的需求，中国科技云提出了建立"全球开放科学云"的倡议，得到了全球科研领域的积极响应，并已与全球主要信息基础设施、国际组织和平台建立了定期对话机制。

网址：https://www.cstcloud.cn/

## 112. 美国国家科学基金会的开放知识网络

美国国家科学基金会的开放知识网络（Open Knowledge Network，OKN）是一项雄心勃勃的计划，旨在构建一个综合性的数据和知识基础设施原型。

OKN 的愿景是建立一个开放和可访问的国家资源网络，以推动 21 世纪的数据科学和下一代人工智能的发展。建立这样一个知识基础设施将整合维持强劲经济增长所需的各种数据，扩大参与数据分析的机会，应对复杂的国际挑战，如气候变化、错误信息、流行病造成的破坏、经济公平和多样性。该计划鼓励组织从不同角度思考创建和部署一个开放的知识网络，并强调开放知识网络路线图为推动数据革命提供了指导。美国国家科学基金会技术、创新和伙伴关系助理主任 Erwin Gianchandani 表示，OKN 将为推动数据革命提供指导，并为发展这一基础设施提供一个成功的范例。

2022 年 9 月 15 日，美国国家科学基金会发布报告《开放知识网络路线图：赋能下一代数据革命》（*Open knowledge network roadmap-Powering the next data revolution report*），其中概述了用开放和可访问的国家资源来支持 21 世纪数据科学和下一代人工智能的战略。

总的来说，OKN 是响应数据科学和人工智能发展趋势的重要举措，促进科学研究和经济增长的同时，应对现代社会面临的诸多挑战。

## 113. 欧盟 OSPP 专家咨询项目

欧盟的 Open Science Policy Platform（OSPP）是一个专家咨询小组，它由欧盟委员会于 2016 年成立，目的是推进开放科学的实践和政策发展。OSPP 汇集了 25 名来自欧洲科研生态系统各方的代表，包括研究资助机构、研究机构、学术出版商、图书馆协会、科研人员和公民科学团体等。

该小组的任务是解决开放科学各个方面的问题，包括向欧盟委员会提出进一步制定和实施开放科学政策的建议、提出并解决欧洲科学研究界及代表组织关注的问题、确定要解决的问题并就所需的政策行动提出建议来支持政策制定等。它的工作重点包括促进科研过程中知识的尽早共享，鼓励跨学科研究和国际合作，以及确保科研成果的质量和可信度。

作为开放科学政策的一部分，OSPP 强调了开放获取的重要性，即尽早让科研成果广泛公开，以便所有利益相关者都能访问和使用这些知识。此外，OSPP 还提倡开放数据的 FAIR 原则，即数据应当是可发现的（Findable）、可访问的（Accessible）、可互操作的（Interoperable）和可重用的（Reusable）。

OSPP 还参与了欧洲开放科学云（European Open Science Cloud，EOSC）的构想和规划，这是一个旨在支持科研工作者存储、管理和共享科研数据的虚拟环境。EOSC 的目标是实现科研资源的互联互通，无论学科或地理位置如何，都能够方便地获取和使用这些资源。

OSPP 的工作还包括对新的科研评估指标的探讨，这些指标旨在弥补传统科研评价方法的不足，更好地反映开放科学实践的影响和价值。此外，OSPP 还关注科研诚信和结果的可重复性问题，以及如何通过教育和培训提升科研人员的开放科学技能。

OSPP 是欧盟在推动开放科学政策和实践中发挥关键作用的一个平台，它通过汇聚多方利益相关者的智慧，为欧盟委员会提供战略指导和实际操作的建议，以提高科研的透明度和效率，并加强科研与社会的互动。

## 114. 国际大科学计划和大科学工程

"大科学"的概念最初由国际科技界于 20 世纪 50 年代提出，一般是指投资大、多学科交叉的大型基础科学研究项目。"大科学计划"和"大科学工程"则是"大科学"概念的延展。大科学计划与大科学工程主要具有投资强度高、多学科交叉、大科学实验设施（设备）昂贵且复杂、研究目标宏大等特点，其复杂程度、经济成本、实施难度、协同创新的多元性都需要通过多个机构或国际科技创新主体合作共同实施才能完成。

国际大科学计划和大科学工程是聚焦全球共同面临的复杂科学技术问题、由多个国家联合开展的科学研究活动，是人类开拓知识前沿、探索未知世界和解决重大全球性问题的重要手段。多年以来，美、俄及欧盟等国家（地区）和国际组织在诸多领域积极组织了数十个国际大科学计划和大科学工程,包括著名的人类基因组计划、曼哈顿原子弹计划和阿波罗登月计划等。

2018年,党中央、国务院做出重大决策部署,印发《积极牵头组织国际大科学计划和大科学工程方案》,并指出牵头组织大科学计划作为建设创新型国家和世界科技强国的重要标志,对于我国增强科技创新实力、提升国际话语权具有积极深远意义。通过牵头组织大科学计划,提升我国科技创新和高端制造水平,推动科技创新合作再上新台阶,努力成为国际重大科技议题和规则的倡导者、推动者和制定者,提升在全球科技创新领域的核心竞争力和话语权。

20世纪三大科学计划

## 115. 人类基因组计划

人类基因组计划(Human Genome Project, HGP)是一项跨国、跨学科的科学探索工程,其核心任务是绘制出人类基因组的遗传图谱、物理图谱、转录图谱和序列图谱,并最终测定出人类基因组DNA的全部核苷酸序列。该计划的主要目标包括:鉴定出人类的所有基因;确定构成人类基因组的约30亿个碱基对的序列;将上述信息储存于专门的数据库中,并开发出相应的分析工具;研究由此而产生的伦理、法律和社会问题并提出相应对策。

在实施过程中建立起来的策略、思想和技术构成了生命科学领域的一个新分支——基因组学,这些技术和方法也可以应用于微生物、植物及其他动物的研究中。人类基因组计划与曼哈顿原子弹计划和阿波罗登月计划并称为三大科学计划,被视为生命科学领域中的"登月计划"。

人类基因组计划由美国科学家于 1985 年首次提出,并于 1990 年正式启动,预计在 15 年内完成。2003 年 4 月 15 日,美国、英国、日本、法国、德国和中国 6 个国家联合宣布人类基因组计划提前完成,公布的人类基因组数据已覆盖整个基因组的 99%。

人类基因组计划的实施和完成对 21 世纪的生命科学研究、生物医药及其他相关学科产生了深远的影响。对于研究生命本质、人类进化、生物遗传、个体差异、疾病防治、发病机制、新药开发、社会伦理、健康长寿等问题都有着重要的意义。

## 116. 国际热核聚变实验堆计划

国际热核聚变实验堆(ITER)计划是目前国际上规模最大、影响最深远的一个国际大科学计划,目标是建造一个氘氚核聚变实验反应堆,并利用建造的核聚变反应堆来验证人类和平利用核聚变能是否具有科学上和技术上的可行性。该计划承载着人类和平利用核聚变能的美好愿望,旨在模拟太阳发光发热的核聚变过程,探索核聚变技术商业化的可行性,对于从根本上解决人类共同面临的能源问题、环境问题和社会可持续发展问题具有重大意义。2006 年 5 月,经国务院批准,中国 ITER 谈判联合小组代表中国政府与欧盟、印度、日本、韩国、俄罗斯和美国共同草签了联合实施 ITER 计划的两个协定,标志着中国正式加入 ITER 计划。

从 2006 年正式加入 ITER 计划到现在,中国承担了 ITER 装置近 10% 的采购包。2013 年 6 月 12 日,由中国科学院等离子体物理研究所研制的国际热核聚变实验堆（ITER）计划极向场导体采购包第二阶段 PF5 导体日前运抵法国福斯港，交付 ITER 现场。此次中方交付 ITER 现场中国制造任务的首件产品，也是 ITER 七方中首件交付 ITER 现场的大件产品。2023 年 3 月，中国航天科工航天晨光举行首批 ITER 外杜瓦矩形波纹管交付仪式。作为 ITER 计划使用的首批国际首创、最大口径杜瓦矩形波纹管，该产品的交付为保障 ITER 超导磁体运行环境提供了有力支撑。

国际热核聚变实验堆（ITER）计划
（图片来源：中国核电网 https://www.cnnpn.cn/article/33644.html）

# 八、开放学术交流

## 117. 学术交流

狭义上的学术交流（Scholarly Communication）是指较为专门的、有系统的学问和创新思想交流。学术交流与科学研究相伴相随，科学研究发展创新的过程也是学术交流模式发展升级的过程。广义上的学术交流是个宽泛的概念，是指一切与学术相关的探讨，在狭义概念的基础上，还涉及学术创作、学术同行评议、学术成果发布出版、学术成果交流传播等多种活动的融合，是一个开放的体系。从学术交流的发展过程与特点看，学术交流经历了从自发到有序、从非正式到正式、从小团队到学术社群、从单一到多元、从区域到国际的变化过程。

学术交流最广为接受的定义是由波格曼（C. L. Borgman）提出的，他认为学术交流是某学科领域的研究人员通过正式和非正式渠道使用和传播信息的过程。学术交流按交流的国域范围可分为国际学术交流与国内学术交流，按交流组织的方式可分为有组织的学术交流与自主式学术交流。

学术交流的主体一般是学术领域内的学者、研究人员、教师和学生，在形式上可以是面对面的讨论，也可以是书面形式的论文发表、书籍撰写或电子媒介上的信息传递。学术交流的目的是促进知识的产生、扩散和应用，增进学术界的相互理解与合作，以及推动学术研究和教育的发展。

学术交流的意义主要体现在以下5个方面。

（1）传播与创新知识

学术交流是知识传播的重要途径，它可以帮助学者们分享最新的研究成果，启发新的研究思路，促进学术创新。

### （2）建设学术社群

通过学术交流，学者们可以建立起专业网络，形成学术社群，这对于维护学术界的活力和持续发展至关重要。

### （3）提升教育质量

学术交流可以提高教师的教学水平，丰富教学内容，也为学生提供了接触前沿学术动态的机会，有利于提升教育质量。

### （4）促进国际合作与交流

学术交流跨越国界，促进了国际学术合作，增进了不同文化背景下学者之间的相互理解与尊重。

### （5）解决社会问题

学术交流有助于集结多学科的智慧，共同探讨和解决社会面临的重大问题，对社会进步有着积极影响。

综上所述，学术交流是学术界不可或缺的活动，它对于知识的传播与创新、学术社群的建设、教育质量的提升、国际合作与交流的促进及社会问题的解决等都具有深远的意义。

## 118. 科技社团

科技社团是科技工作者自愿结合而形成的科技类社会团体，在推进科技创新、提供科技服务、参与社会治理等方面发挥着积极作用。学界公认的、世界上最早的科技社团发端于16世纪欧洲文艺复兴时期，其产生及演进历程与自然科学的产生、科学体制的建立和经济社会的变迁息息相关，在人类科学活动和社会发展中扮演着重要角色。对于世界上的各个国家和地区，科技社团在科学研究体系建设和全民科技素养提升中均发挥着重要作用。

现代社会中的科技社团通常指的是由科技工作者自愿组成的、依法登记成立的学术性、公益性法人社会组织。它们是非营利性机构，主要依靠会员会费、社会捐赠和政府资助等方式运作。科技社团的主要任务是开展学术交流、科学普及、科技咨询服务和人才培养等活动,以促进科学技术的发展和应用。

根据会员资格及其联合程度,科技社团可以分为以个人会员为主的单独性科技社团和多家科技社团联合组成的联合性科技社团。单独性科技社团为科技社团的主要形式,以服务会员为基本宗旨,是科技社团最基础、最根本的存在方式。根据专业和使命,科技社团可以分为科学倡导型的综合科技社团、学科发展型的专业科技社团和行业交流型的职业科技社团。

科技社团的主要职能包括:①学术交流。在强化科研成果分享、科技创新和国际交流方面发挥重要作用。②科技奖励和人才评价。在学科领域树立公认的学术权威和公信力。③科学传播。积极传播科学知识,营造全民科普氛围,鼓励科技创新。④科学教育。提高科技工作者的职业技能,培养学科和行业发展所需一流人才。⑤专业认证。承接政府转移职能,制定行业规范和国际标准。⑥政策倡导和建言献策。优化高质量的公共决策咨询成果供给和服务能力等。

科技社团对于科学技术的发展有着重要的意义,具体包括:①促进学术交流。科技社团为科技工作者提供了一个交流和分享研究成果的平台,有助于促进学术思想的碰撞和知识的传播。②推动科技创新。通过举办各种学术会议、研讨会和培训班,科技社团能够激励科技工作者进行创新研究,推动科学技术的发展。③提供科技咨询服务。科技社团往往聚集了一批来自不同领域的专家,他们可以为政府和企业提供专业的科技咨询服务,助力决策的科学化和精准化。④普及科学知识。科技社团通过各种科普活动,如讲座、展览和实验演示等,向公众普及科学知识,提升全民科学文化素养。⑤维护科技工作者权益。科技社团维护科技工作者的合法权益,为他们提供法律援助、职业培训等服务,增强科技工作者的职业认同感和归属感。⑥参与社会治理。科技社团积极参与社会治理,通过建言献策、参与政策制定等方式,为政府决策提供科学依据,促进社会的和谐与进步。

科技社团在促进学术交流、推动科技创新、提供科技咨询服务、普及科学知识、维护科技工作者权益及参与社会治理等方面发挥着重要作用，是现代科技和社会发展不可或缺的一环。

## 119. 普赖斯曲线

普赖斯曲线（Price's Curve）是由英国科学计量学家 Derek de Solla Price 提出的，用于描述科技文献数量随时间的指数增长趋势。普赖斯在对科技文献历史数据进行深入研究后发现，科技文献总量并不是匀速增加的，而是呈现出逐年加速增长的现象。1950 年，普赖斯首次发表有关"指数增长"的研究论文。1961 年，在《巴比伦以来的科学》（*Science since Babylon*）一书中，普赖斯考察统计了科技期刊的增长情况，发现科技期刊的数量大约每 50 年增长 10 倍。他以时间为横坐标，以科技文献数量为纵坐标，曲线形态近似于指数函数曲线，在对数坐标系中则表现为一条直线，表明科技文献的增长速度相对恒定。这条曲线十分近似地表示了科技文献量指数增长的规律，这就是著名的普赖斯曲线。其表达式为 $F(t) = ae^{bt}$，其中 $F(t)$ 表示时刻 $t$ 的文献量，$a$ 是统计初始时刻（$t=0$）的起始文献量，$e$ 为自然对数的底数，$b$ 是常数，表示持续增长率，也称增长系数。

普赖斯曲线揭示了科学知识生产的内在规律，即科技文献的增长并非线性而是呈指数级扩张，这意味着每过一段时间，科技文献新增的数量相对现有总量而言是一个相对固定的百分比。这一理论对于理解科学发展的速度、科研投入产出的关系、科学信息的爆炸性增长及开放获取和科学数据管理等领域具有深远的影响。同时，普赖斯曲线也引发了对科学信息传播效率、科技文献老化速度（如普赖斯指数所描述）及未来科研发展趋势的深入探讨。

虽然普赖斯曲线所表达的科技文献的指数增长定律作为一个理想模

型，在一定程度上反映了文献的实际增长情况，但由于没有考虑许多复杂因素对科技文献增长的限制，该定律在实际应用中还有许多局限性。若不考虑各种现实因素，只简单地用普赖斯曲线预测未来某个时刻科技文献的数量，则不能获得可靠的结果，甚至会得出错误的结论。

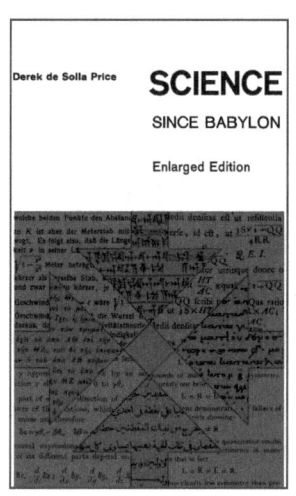

《巴比伦以来的科学》英文版封面

## 120. 国际科学理事会

国际科学理事会（International Science Council，ISC）是一个全球性的非政府非营利性组织，旨在推动国际科学合作与发展，加强科学在解决全球挑战中的作用，并促进科学为社会福祉做出贡献。ISC通过整合不同科学领域和学科的合作，连接各国科学社群，构建一个全面而广泛的国际科学网络。ISC全球会员数量不断增加，吸引了超过250个组织，涵盖自然科学和社会科学领域的国际科学联盟和协会，以及科学院和研究理事会等国家和地区级科学组织。国际科学理事会是同类组织中规模最大的国际非政府科学组织。

ISC的历史可以追溯到其前身——国际科学联盟理事会（International Council of Science Unions，ICSU，成立于1931年）和国际社会科学理事会

（International Social Science Council，ISSC，成立于1952年），这2个组织于2018年合并成立现在的ISC，理事会经费来自会员资助、慈善捐款和特定科学活动的外部赠款。总部设在法国巴黎，并在世界各地设有区域联络点。

国际科学理事会是联合国教科文组织全球开放科学伙伴计划的重要成员之一。为响应联合国教科文组织全球开放科学咨询，ISC于2020年6月发布了"Open Science for the 21st Century"文件。该文件描述了现代开放科学运动的基本原理和起源，以及其不同维度和应用领域。它提出了关于有效开展开放科学运动所需的变革建议，涵盖了科学家、大学、联合国教科文组织及其他科学系统的利益相关者；还介绍了国际科学理事会旨在支持开放科学各个方面的项目和计划，这些项目和计划在ISC 2019—2021行动计划中有详细描述。

此外，ISC积极推动了"全球南方"的开放科学行动计划，该计划以开放科学为核心，旨在实现ISC将科学视为全球公共产品的愿景。通过促进高效的规模扩展、共享能力的建立及在区域层面共同追求目标和发出声音，该计划将全球南方的科学家和科学体系推向了数据密集型开放科学的前沿。ISC还全力支持非洲开放科学平台（AOSP）的建设。同时，ISC每月发布"Open Science Round-up"，包括当月开放科学领域的重要资讯、活动、工作机会等。

ISC在中国设有国际科学理事会中国委员会（ISC-CHINA），负责组织和协调中国科学家参与ISC的各项活动，进一步推动中国科学家深度参与国际合作。2023年4月12日，ISC-CHINA在中国科技会堂召开全体会议。ISC-CHINA主席郭华东院士，名誉主席李静海院士，主席顾问吴国雄院士，副主席成秋明院士、傅伯杰院士、龚克教授等70余位ISC-CHINA委员、荣誉委员、特邀专家参加会议。中国科协党组成员兼国际合作部（港澳台办公室）部长（主任）罗晖出席会议并致辞。

网址：https://council.science

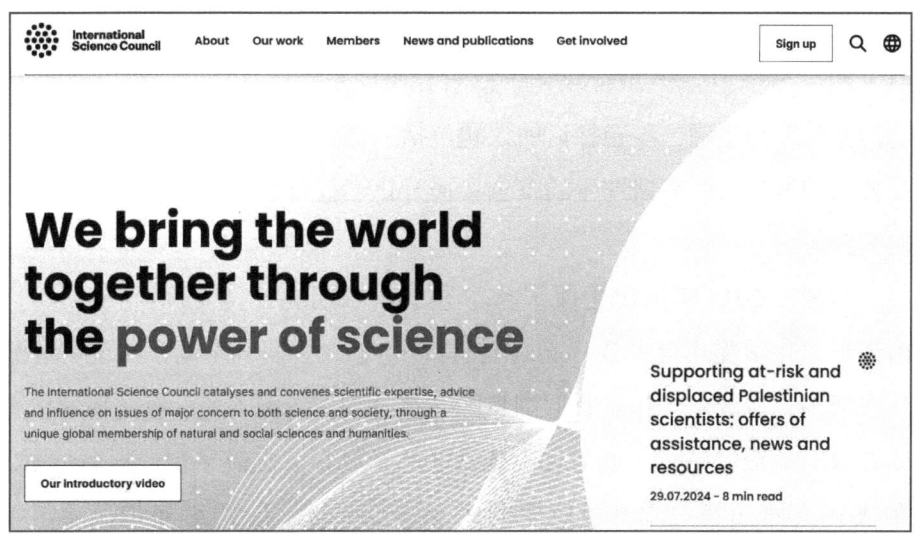

国际科学理事会

## 121. 美国化学会

美国化学会（American Chemical Society，ACS）是世界范围内化学领域影响力最高的专业组织，也是世界上最大的科学协会组织之一，现有超过17.3万来自全球化学领域各个分支的会员。ACS成立于1876年，由美国国会特许成立，其宗旨是推动更广泛的化学企业及其从业者通过化学的转化力量来改善人们的生活。为了推进全球化学化工从业者的相互交流，ACS在每年春季和秋季举办两次涵盖化学各个方向的年会，吸引了众多化学化工从业者赴美参会，美国化学会年会已成为国际化学化工领域最著名的学术会议。

作为大型国际系列性专业会议，每届美国化学会年会的参与人数众多，包括世界各国从事化学及相关领域的科研人员，往往参会人数超过15 000人，会议摘要超过10 000篇。该会议历史悠久，已举办超过260届，是化学界的国际顶级大会。ACS 2023秋季年会于2023年8月13—17日在美国旧金山召开，年会主题是"驾驭数据的力量"，会议探讨了利用人工智能等先进技术加速化学发现等议题，提供线上、线下两种参会方式。ACS 2024秋季年会于2024年8月18日在美国丹佛市召开，本次会议以"化学的提升"为主题，年会探讨的议题包括：提升化学的效能；提升化学造福公众的地位；提高研究生的安全；提升化学教育水平；提升可持续化学的实践等。

ACS 于 2015 年推出了旗下首本开放获取期刊 *ACS Central Science*，由诺贝尔化学奖获得者 Bertozzi 担任首任主编。该期刊不同于传统的开放获取期刊，后者要向作者收取高昂的文章处理费（APC），而是采取作者读者双向免费的模式，成为真正意义上的开放学术交流平台。随后，ACS 在 2016 年推出第二本开放获取期刊 *ACS Omega*，在 2020 年推出第三本开放获取期刊 *JACS Au*，即《美国化学会杂志》（JACS）的完全开放获取姊妹刊。此后，美国化学会出版部不断扩大完全开放获取期刊的范围，并继续增强其影响力。目前，ACS 的完全开放获取期刊共有 16 种。作为开放科学的长期和坚定的支持者，美国化学会出版部在创办有影响力的开放获取期刊方面处于领先地位。

网址：https://www.acs.org/

美国化学会

## 122. 美国电气与电子工程师协会

美国电气与电子工程师协会（Institute of Electrical and Electronics Engineers，IEEE）是一个国际性的电子技术与信息科学工程师的协会，也是全球最大的非营利性专业技术学会之一。该协会成立于 1963 年 1 月

1日，由美国无线电工程师协会（IRE，创立于1912年）和美国电气工程师协会（AIEE，创建于1884年）合并而成。IEEE在全球160多个国家拥有43万多名会员。IEEE在电气电子、计算机、半导体、通信、电力能源、生物医学工程、航天系统工程、消费电子等领域具有技术权威性。IEEE在科学与技术研究方面的出版物频繁地被各类专利引用，引用量远高于同类出版社。IEEE出版技术期刊190多种，每年在全球范围内举办技术会议1800多场，并且IEEE也出版行业内具有主导作用的标准，如IEEE 802.11（Wi-Fi）、IEEE 2030（Smart Grid）、NESC® 等。

IEEE具有极高的行业影响力，在学术界享有盛誉，因此IEEE论文发表也是国际学术论文发表的一个类型。为了帮助作者最大限度地展示他们的开创性研究及应用型文章，IEEE提供了3种开放获取出版模式，旨在满足作者整个职业生涯的不同发文需求。一是完全开放获取专题期刊（Fully Open Access Topical Journals），涵盖特定技术领域。二是混合期刊（Hybrid Journals），涵盖IEEE主要涉及领域的超过160种期刊及杂志。三是多学科开放获取期刊（Multidisciplinary Open Access Journal）。

网址：https://www.ieee.org/

美国电气与电子工程师协会

## 123. 中国科学技术信息研究所

中国科学技术信息研究所（Institute of Scientific and Technical Information of China，ISTIC）成立于 1956 年 10 月，是科技部直属的国家级公益类科技信息研究机构，定位于为政府部门提供决策支持，为科技创新主体提供全方位信息服务，并成为国家科技创新体系的重要支撑。该研究所位于北京市海淀区，拥有丰富的科研条件和资源，包括多个研究中心、学会团体和所属企业，以及 1 个博士后科研工作站和 1 个一级学科硕士点。

中国科学技术信息研究所作为全国科技信息领域的共享管理与服务中心，是国家科技创新体系的重要支撑，在全国科技信息系统中发挥指导和示范作用。2021 年 7 月，ISTIC 与施普林格·自然（Springer Nature）共同成立了 ISTIC-Springer Nature 开放科学联合实验室，这是双方合作开展开放科学领域研究的平台。该实验室旨在依托双方资源，开展开放科学领域的研究工作，设立研究基金，吸引科研人员参与，并组织培训和学术交流活动，以扩大双方在开放科学领域的学术影响力。

此外，ISTIC 还承担着国家科技管理信息系统、国家科技报告服务系统、国家科技信息资源综合利用与公共服务中心、国家工程技术图书馆的建设与发展重任，这些都直接或间接地支持了开放科学的发展。通过这些平台和项目，ISTIC 不仅促进了科技信息的开放共享，还为科技管理人员、研究开发人员、社会公众和专业人员提供了学术交流的机会，进而推动了开放科学在我国的实践和发展。

网址：https://www.istic.ac.cn/

中国科学技术信息研究所标志

## 124. 中国图象图形学学会

中国图象图形学学会（China Society of Image and Graphics, CSIG）自 1990 年成立以来，作为国家一级学会，致力于图像图形学领域的学术研究与技术发展。学会拥有 14 个工作委员会、30 个专业委员会，汇聚了 60 余家单位会员及 4 万余名个人会员。

CSIG 注重推动图象图形领域开放科学的发展。在学术交流方面，自 2000 年起，每两年举办一届国际图象图形学学术会议，为全球专家学者和产业界提供了展示创新成果的机会。2022 年，在 20 届全国图象图形学学术会议的基础上，创办中国图象图形大会，成为涵盖图象图形各专业领域的综合性全国性学术会议。在学术出版方面，学会主办的《中国图象图形学报》是国内图象图形学及相关领域的核心期刊。主办的英文学术期刊 Visual Intelligence 为开放获取期刊，入选"中国科技期刊卓越行动计划高起点新刊"、《图象图形领域高质量科技期刊分级目录》T1 类期刊，并被 DBLP 和 DOAJ 数据库收录。CSIG 还特别强调数据共享的重要性，鼓励研究人员将研究过程中产生的数据集公开共享，特别是在图像识别、计算机视觉等领域，学会支持并推广了多个公开数据集，推动建立具有国际影响力的图象图形领域学术交流平台。

中国图象图形学学会

## 125. 世界机器人大会

世界机器人大会是我国机器人领域规模最大、规格最高、国际元素最丰富的国际会议。大会经国务院批准，由北京市人民政府、工业和信息化部、中国科学技术协会共同主办，中国电子学会等单位承办，同期举办世界机器人博览会及世界机器人大赛。自2015年起，世界机器人大会在北京举办了7届，已成为推动机器人及智能装备高质量发展的科技交流、产业合作平台。大会汇聚了全球专家智慧，集结了世界顶尖企业，展示了最新科技成果，对我国机器人领域的创新创业具有非常重要的指导意义。

2023世界机器人大会于2023年8月16日在北京开幕，主题为"开放创新　聚享未来"，旨在展示全球机器人前沿技术和最新成果，搭建技术产业交流合作与开放共享的平台，大会包括论坛、世界机器人博览会和世界机器人大赛等活动。大会论坛突出开放共建、学术引领与产业发展，320余位国际组织代表、院士、国内外知名专家和企业家应邀参会，围绕机器人开放合作、技术趋势、产业应用、生态建设，聚焦"机器人＋"应用场景和热点话题开展主旨报告和高峰对话。本届世界机器人博览会吸引了160家国内外机器人企业携近600件展品参展，其中60款新品将在博览会现场全球首发。2024世界机器人大会将于8月21日在北京召开，本届大会以"共育新质生产力　共享智能新未来"为主题，有三大亮点：促进全球合作"新机遇"、彰显科技创新"新动能"、助力北京产业创新"新集聚"，充分展示人形机器人最新研究进展，汇聚全球机器人前沿技术成果和创新产品。

## 126. 中关村论坛

中关村论坛是中国面向全球科技创新交流合作的国家级平台。由北京市人民政府联合科技部、工业和信息化部、国务院国资委、中国工程院、中国科学院、中国科学技术协会等部门联合举办。自2007年创立以来，中关村论坛以"创新与发展"为永久主题，努力打造成为集科技交流和创新成果展示、发布、交易于一体的国际化科技创新交流合作平台。

中关村论坛不仅是科技创新的高端国际论坛，而且已经成为全球性、综合性、开放性的国际盛会。它聚焦国际科技创新的前沿问题和热点议题，每年都会设定不同的议题，并邀请全球顶尖科学家、领军企业家、新锐创业者等各界精英参与，共同探讨和交流科技创新的最新进展和未来趋势。

中关村论坛的举办地点位于北京，它不仅是展示中国科技创新成就的重要窗口，也是中国与其他国家和地区在科技创新领域进行交流与合作的重要桥梁。通过中关村论坛，中国展示了高水平开放创新的活力，并积极推动中关村乃至全国的科技创新融入全球创新网络。中关村论坛的成功举办不仅提升了北京乃至中国的国际形象，也促进了国内外科技界、产业界及政策制定者之间的对话与合作，对推动全球科技创新和经济发展产生了积极影响。

2023中关村论坛于2023年5月25—30日在北京举行。论坛年度主题为"开放合作·共享未来"，其间共举办150场活动。中关村论坛正是中国积极参与世界科技创新实践、深度参与全球科技治理的重要国际交往窗口。本届中关村论坛有近200家外国政府部门、国际组织和机构参与，包括17位诺奖级嘉宾在内的近120位顶尖专家发表高水平主旨演讲。其中，外籍演讲嘉宾占比超4成。来自全球各地的科学家、企业家、投资人等各界嘉宾深入交流，增进共识，共同为深化国际科技创新开放合作凝聚智慧。同时，中关村论坛为更多科学家、企业家、投资人到北京、到中国创新创业搭建了更加广阔的舞台。本届论坛期间，签约项目共计129项，签约金额超过810亿元；发布招商引资项目152个，预计投资总额1430多亿元。

2024年，中关村论坛继续突出国家级、国际化特点，以"创新：建设更加美好的世界"为主题，首次在新建的永久会址举办，开展了多场高层次学术交流和成果展示活动,并进一步促进了全球范围内的科技资源共享与合作。论坛也致力于推动科研成果的开放获取和转化应用,服务全球科技创新与经济社会发展。中关村论坛永久会址整体造型为三叶草叶片形状,总建筑面积约6.4万平方米,单层面积约2.1万平方米。

中关村论坛永久会址

(图片来源: 北京日报客户端 https://baijiahao.baidu.com/s?id=1753091587669099472&wfr=spider&for=pc)

## 127. 中国科协年会

中国科协年会是中国科技领域高层次、高水平、大规模的科技盛会,由中国科学技术协会与省级人民政府共同主办,每年举办一次。其前身为1999年由胡锦涛同志主持的中央书记处会议中同意设立的中国科协学术年会,经过多年发展,已经逐渐成为我国科技领域层次最高、规模最大的综合性年度盛会。

中国科协年会的一个显著特点是,紧密结合地方实际,为地方经济社会发展服务。例如,2022年第二十四届中国科协年会由中国科学技术协会和湖南省人民政府共同主办。作为年会重要活动之一,2022中国先进材料产业创新与发展大会暨长沙新材料产业博览会在长沙国际会展中心举办。湖南省是材料产业大省,总量规模位居全国第一方阵,产业优势明显。

大会包括开幕式及主题报告大会、湖南省新材料产业链大会和 5 场专业论坛，新材料产业链展览面积 5000 平方米，100 余家优质企业参展，3000 多名来自全国新材料行业的专家、企业代表参会，共商中国新材料产业发展大计。大会为助力湖南省新材料产业发展，支撑中国高新技术、高端制造和重大工程迈向世界一流的发达水平，产生了积极推动作用。

近年来，推动开放科学发展是中国科协年会的热点主题之一。在 2021 年的第二十三届中国科协年会上，世界科技社团发展与治理论坛提出了建立协同交流机制，推动开放科学的理念，并特别设立了开放合作示范专项，引导全国学会加快建设开放组织、开放平台和开放机制，提升开放合作能力。同期举办的第四届世界科技期刊论坛，以"推动开放科学：共享·共赢·可持续"为主题，围绕开放获取、开放数据、开放科研、开放评价及科研诚信协同治理等热点话题进行了深入研讨。2022 年，第二十四届中国科协年会期间举办的第五届世界科技期刊论坛再次聚焦开放科学主题，集中展示了中国在建设开放科学基础设施方面的最新进展，并深入探讨了如何提升中国科技期刊的国际影响力及如何在中国进一步推动开放科学的发展。这届论坛不仅展示了中国在开放科学领域的积极实践，也为国际科学界提供了合作和交流的平台。

总体而言，中国科协年会已成为中国开放科学与高端学术交流深度融合的典范，为推动中国科技创新和经济社会发展发挥了重要作用。通过发布重大科学问题、工程技术难题和产业技术问题，年会引导科技工作者聚焦关键问题集智攻关，为培育新质生产力汇聚强大科技力量，不断夯实高质量发展的科技支撑。

## 128. 非洲出版商网络

非洲出版商网络（African Publisher Networks，APNET）成立于 1992 年，是一个泛非洲的非营利性网络组织，总部现设在加纳首都阿克拉的加纳语言局大楼内，秘书处位于阿克拉。APNET致力于通过网络、培训和贸易促进非洲出版业发展，满足非洲对与社会、政治、经济和文化现实相关的优质图书的需求，通过书籍改变非洲人民。

APNET通过为非洲出版商提供培训以提高其能力；代表会员与国际组织合作，支持会员参加国际书展、商务会议和大会来提高其书籍销量；通过授权国家出版商协会在战略、程序和政策或法律支持方面进行宣传，改善出版业的商业环境；搭建会议平台，分享最佳实践并推广书展和其他图书贸易活动，以提高非洲本土出版业的收入。

APNET的主要工作内容包括：调查非洲出版业的培训需求，面向非洲出版商和国家协会组织培训；加快非洲内部图书、印刷和许可贸易进程，以及非洲不同国家出版商之间的直接贸易合作和写作进程；发起和开展关于非洲出版业和经济发展的政策研究，并指定可供政府、捐助者、银行和贷方、海外合作伙伴和非洲出版商及其协会采用的战略；协助建立和加强非洲国家出版商协会；采取一切必要措施支持、促进和保护非洲本土出版业并进一步促进非洲出版商之间的合作和交流；代表所有成员的利益，酌情通过集体讨论的方式处理所有问题；举办有利于非洲本土出版业利益的书展和其他图书贸易活动；影响促进图书跨境自由流动的立法，并敦促实施上述公约和标准；参加符合非洲本土利益的国际或国家会议、研讨会和讲座。

网址：https://apnetafrica.org/

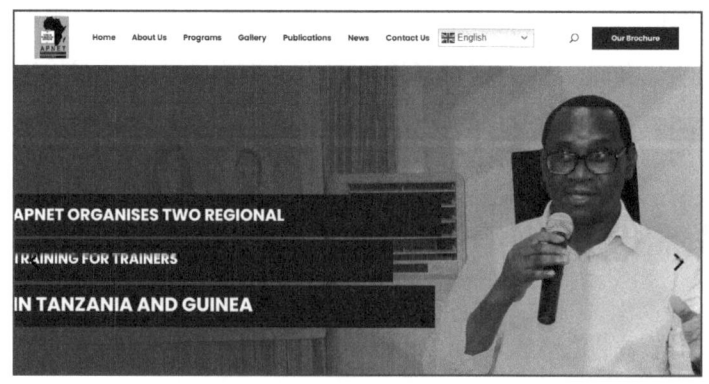

非洲出版商网络

## 129. 非洲期刊在线

非洲期刊在线（African Journals Online，AJOL）是全球认可和值得信赖的非洲期刊非营利性平台，成立于 1998 年，为研究人员和政策制定者提供与非洲背景相关的高质量研究出版物，致力于应对非洲大陆在卫生、教育、气候变化和欠发达等方面存在的挑战，增加非洲出版刊物或同行研究在全球大陆的访问量、认可度。

25 年来，AJOL 一直致力于增加全球对非洲期刊发表论文的访问量。目前，AJOL 收录了来自阿尔及利亚、安哥拉、贝宁、博茨瓦纳等 39 个国家的 699 种期刊，其中 439 种期刊实现开放获取，以及 22 万余篇研究论文。AJOL 平台文章月下载量达数百万，有效增加了非洲研究在非洲和全球的影响力。

AJOL 为用户提供了一个独特的期刊出版实践和标准（JPPS）系统，该系统基于当前期刊领域的最佳实践，并参考了全球、各地区和国家公认的标准，以及来自发展中国家的数百名期刊编辑的意见，为用户提供了一个独特的合作期刊访问途径。

同时，AJOL 还为非洲期刊出版领域免费提供高质量的技术和培训服务，提供科学合理的研究和出版做法及同行学习协议。AJOL 支持并鼓励实施开放获取和免费出版的模式，并提供广泛的免费资源，以帮助非洲的研究人员、作者和编辑等。

网址：https://www.ajol.info/

非洲期刊在线

## 130. 开放奖学金行动

开放奖学金行动（The Open Scholarship Initiative，OSI）由 Science Communication Institute（SCI）发起，是一个由高水平专家和利益相关者代表组成的多元化、包容性的全球网络及非营利性组织，总部位于美国。OSI 汇集了来自世界各地具有各种信仰、专业知识和经验的利益相关者，讨论学术交流问题，并为世界各地的每个人制定广泛接受、全面、可持续的解决方案。

2014 年 10 月至 2015 年 1 月，SCI 召集了 120 名开放学术的利益相关者，包括开放学术领域、出版领域及学术交流领域的思想领袖，并主持了他们的在线对话。OSI 就诞生于本次在线对话。自诞生以来，它一直致力于为开放奖学金的未来发展制定广泛接受的、全面的、可持续的解决方案，使其适用于世界各地的所有人。

OSI 的宗旨是从出版及其相关问题开始，为不同国家、大学、研究人员、出版机构、基金组织、学术团体、图书馆、政策制定者及其他利益相关者之间的交流合作搭建可持续的、稳定的平台，从而塑造学术交流的未来。

OSI 的主要服务包括：

开放获取期刊服务：OSI 与多家出版机构合作，提供开放获取期刊的出版服务，包括科学、技术、医学等领域的期刊。这些期刊上的文章可以免费获取和使用，从而提高了学术成果的可及性和影响力。

开放数据服务：OSI 提供开放数据平台，帮助研究人员管理和发布他们的数据。这些数据可以以开放数据的方式发布，从而使得更多的读者能够使用和共享这些数据。

学术交流服务：OSI 提供学术交流服务，包括会议、研讨会、讲座等，以帮助研究人员更好地交流和分享他们的研究成果。

网址：https://osiglobal.org/

开放奖学金行动

# 九、开放科学相关组织机构

## 131. 经济合作与发展组织

经济合作与发展组织（Organisation for Economic Co-operation and Development，OECD，简称经合组织）的前身是1948年成立的欧洲经济合作组织（OEEC），当时的主要职能是管理第二次世界大战后重建欧洲的马歇尔计划中的美国和加拿大的援助。1961年9月30日正式转为OECD，总部设在法国巴黎，最初由美国、英国、法国、德国、日本等20个国家发起，现在已经有38个成员国，覆盖了全球最发达的经济体，成员和主要伙伴约占世界贸易和投资的80%。OECD致力于为政府提供更有韧性、包容性和可持续增长的政策建议，为世界谋求更大的繁荣、平等、机会和福祉。

OECD与开放科学的关系密切，尤其是在推动开放获取数据和研究方面发挥了积极作用。例如，OECD对开放获取数据的倡议一直处于领先地位。早在2004年，30多个OECD国家就通过了《关于公共资助的研究数据开放宣言》，这一宣言经过经合组织专家组的完善，于2006年12月得到OECD理事会的批准，作为一项OECD建议的原则和指南实施。

经合组织正在与成员和非成员经济体合作，审查促进开放科学的政策，并评估其对研究和创新的影响。OECD理事会于2021年1月通过了修订后的《公共财政资助的研究数据获取的建议》（以下简称《建议》），以应对新技术和政策发展。《建议》为数据可信度治理、技术标准和实践、激励和奖励、责任、所有权和管理、可持续基础设施建设、人力资本、获取研究数据等国际合作提供政策指引。同时将范围扩展至涵盖研究数据、元数据、算法、工作流、模型和软件（包括代码）等。

此外，经合组织的科学、技术和创新局针对科学、技术和工业对经济增长和社会福祉的贡献制定循证政策建议，其科技创新政策文件涵盖主题广泛，包括工业和全球化、创新和创业、科学研究和新兴技术等。

OECD还围绕开放数据获取发布了一系列报告，涉及研究数据的开放、存储、合作及研究伦理等内容。这些举措都体现了OECD在推动开放科学方面的决心和努力，旨在通过促进数据的开放和共享，提高科研的透明度和效率，加速科学发现和创新。

网址：https://www.oecd.org/

经济合作与发展组织标志

## 132. 国际数据委员会

国际数据委员会（Committee on Data for Science and Technology，CODATA）原称国际科学技术数据委员会，作为国际科学理事会（International Council for Science，简称ICSU）下属的跨学科国际组织，成立于1966年，秘书处设在法国巴黎，于2018年7月更名为国际数据委员会，是一个关注科技数据收集、管理、处理、访问及开放，提供物质科学、生物学、地质与地球科学、天文学、气候变化和工程方面的数据（处理）知识和技术，在数据科学与技术上有着50多年研究、知识开发及数据库建设经验的国际性、多学科数据合作中心。

CODATA是促进科学数据发展的专门机构，关注科学技术各个领域的实验测量、观察和数据计算，尤其关注不同学科所共有的数据管理问题及数据在其产生学科领域之外的应用。CODATA旨在通过国际合作和制定数据标准来提高数据质量、增加可靠性、改进数据管理、扩大数据可获性，并利用互联网构建全球科学数据交换体系。CODATA支持在FAIR

数据原则下,通过适当措施促进开放数据和开放科学的发展。2015年,CODATA发布战略规划:支持围绕开放数据和开放科学的原则、政策和实践;推动数据科学前沿领域的发展;通过能力建设提升各国数据技能和国家科研体系在支持开放数据中发挥的作用,促进开放科学的发展。CODATA还与一些相关机构合作,共同促进数据科学的发展和应用。

CODATA围绕其战略开展一系列活动并通过建立相关任务组和工作组开展具体工作。除日常工作会议和国际学术年会,CODATA还与相关机构合作举办国际科学数据大会(SciDataCon)和国际数据周(International Data Week,IDW)等数据领域的大型国际会议。CODATA大会和全会每两年举行一次,是CODATA的主要活动之一。CODATA大会被誉为"科技数据领域的联合国大会",是全球科技数据领域交流合作的重要平台。

1984年6月,中国科学院代表中国作为国家会员加入CODATA。同年10月,中国科学院牵头成立CODATA中国全国委员会,秘书处设在中国科学院计算机网络信息中心。CODATA中国全国委员会负责组织国内各有关部门和研究机构参加CODATA的各类学术活动,协调各学科领域的科学数据工作,包括数据库建设、数据交换、学术交流等。

网址:https://codata.org/

国际数据委员会标志

## 133. 国际科技与医学出版商协会

国际科技与医学出版商协会(STM)是全球领先的学术和专业出版机

构行业协会，1994年在荷兰阿姆斯特丹注册成立，总部位于荷兰海牙，在英国牛津设有办公处。

协会的宗旨是协助STM出版商提供交流的平台，代表STM出版群体在版权、技术发展、终端用户或与图书馆关系等方面的权益。业务内容主要包括：协助出版商和作者传播他们的研究成果；在数字出版的大环境下，协助国家和国际组织及通信业改善科学、技术与医学信息的传输、储存和修复问题；与国际出版商协会、各国出版商协会及与STM出版业相关的政府组织和专业团体开展相关合作。

协会每三年为会员提供一期《STM报告》，全面概述科学、技术与医学出版市场，发布国际期刊现状和未来发展趋势，为会员提供行业判断依据。同时，协会还通过网站、会讯和电子邮件等渠道为会员提供时事讯息、培训课程、信息交流会等服务，每年在法兰克福书展前一天召开年会。

截至2022年6月，协会共有会员单位140余家，包括学会、大学出版社、私有公司等，分布在全球20多个国家和地区。会员单位每年出版的研究性文章约占世界年出版量的66%，出版的研究性期刊约占世界年出版量的55%，此外还出版大量的印刷读物、电子图书、参考书及数据库等。2022年1月，清华大学出版社正式加入该协会，是目前国内首家STM会员的大学出版社。

网址：https://www.stm-assoc.org/

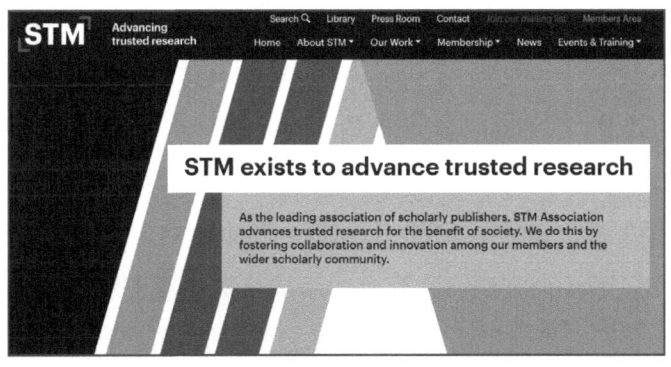

国际科技与医学出版商协会

## 134. 世界数据系统

世界数据系统（World Data System，WDS）是国际科学理事会的一个跨学科机构，其愿景是促进对有质量保证的科学数据和数据服务的长期管理及普遍和公平的获取，促进开放获取，并鼓励在自然科学、社会科学和人文学科的所有学科中采用标准。

WDS建立在ICSU的世界数据中心和天文与地球物理数据分析服务联合会50多年遗产之上，后者主要管理国际地球物理年（1957—1958年）期间生成的数据。国际极地年（2007—2008年）之后，原机构无法应对现代数据需求，于2008年被ICSU解散，在2009年被WDS替代。

WDS通过创建受信任的科学数据存储库和加强对科学企业全生命周期的数据及相关方面的分析与应用，为一流的研究成果提供一流的数据支撑。WDS倡导可访问性数据模式，以透明和可重复的科学研究等途径增强成员的数据存储和数据服务的能力、影响力和可持续性。

WDS代表了全球卓越的科学数据社区，确保长期管理和向国际科学界提供有质量保证的数据和数据服务。世界数据系统在长期数据管理视角下，实现公众能普遍、公平地获取有质量保证的科学数据、数据服务、产品和信息。

WDS在其科学委员会的领导下运作，下设国际项目办公室（WDS-IPO）及国际技术办公室（WDS-ITO）。其中WDS-IPO负责协调WDS的运作，并负责执行WDS科学委员会的决定，WDS-ITO则负责存储数据的维护和升级服务。

2022年1月，WDS制订了一个2年行动计划以实现WDS的目标，行动聚焦在以下4个方面：为现有或新成员提供服务和支持；为WDS成员描绘一个共同的价值主张；提供全球领导和议程设置；提高全球数据的访问量、质量和可获得性。

网址：https://worlddatasystem.org

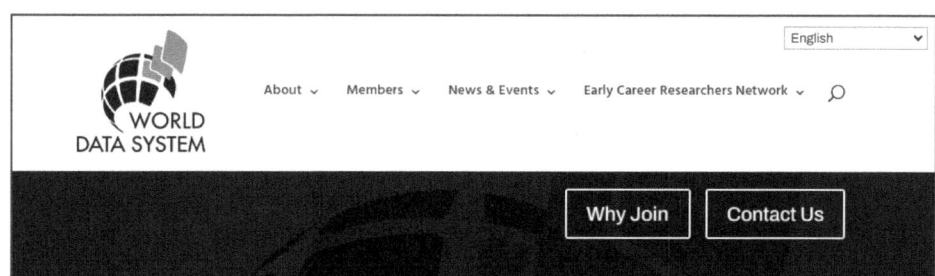

世界数据系统

## 135. 欧洲科学基金会

欧洲科学基金会（European Science Foundation，ESF）是一家面向国际、致力于在欧洲推广最高水平科学且推动研究和创新进步的非政府、非营利性组织，成立于 1974 年，总部位于法国斯特拉斯堡。ESF 由来自 24 个国家的 67 个国家级科学研究委员会、科学院、研究院及其他资助科学研究的基金组织组成，旨在促进专业知识共享，并提供以解决方案为导向的科学支持，以提高欧洲科学和科学相关活动的质量和有效性。

ESF 的主要职能是促进和支持欧洲科学研究的发展，通过资助科研项目、组织学术会议、发布研究报告等形式，推动欧洲各国科研机构的合作与交流。此外，ESF 还致力于科研诚信和良好科研行为的推广，其成员来自资助机构、国家研究组织和科学与文学学院，在整个研究界中发挥着重要作用。

在战略层面上，ESF 注重于良好的科研行为守则、有效的科研管理、科研标准的监测和科研不端行为的调查，并制定了透明的程序，以促进欧洲科研的最高水平和自我监管能力。

ESF 的成立和运作反映了欧洲国家对科研重视程度的提升，以及欧洲一体化进程中科研合作与交流的需求。通过 ESF 的支持和协调，欧洲各国的科研机构和科研人员得以在更广阔的平台上进行合作，共同应对科研挑战，推动科技进步。

ESF 的主要活动包括：

(1) 为研究质量评估和资助评估提供协助

目的是提供高质量和独立的同行评议建议，包括项目的科学水平、潜力、经济价值、社会相关性等。自 2019 年以来，ESF 已实施了超过 132 项赠款评估活动，为公共和私人研究资助者、大学、MSCA 共同基金及欧盟资助的项目和计划评估了 15 000 多项研究提案

(2) 欧洲项目协调与管理

作为欧盟的合作伙伴和协调员，ESF 为欧盟委员会资助的研究项目管理提供专业知识。自 2021 年以来，ESF 已参与超过 15 个"地平线 2020"项目。

(3) 为科学委员会、网络和协会等提供科学管理服务

ESF 拥有高水平的独立研究人员，能够为欧洲的科学、政策、基础设施、环境和社会领域提供有针对性的专家建议。基金会通过建立管理专家委员会、研究所和社团的执行办公室为欧洲当局或欧洲机构和研究实体提供专业的管理服务，包括提供财务、人力资源、法律咨询、通信、科学政策管理及其他定制的支持服务，让相应组织能专注于自身活动和影响。自 1974 年以来，ESF 在空间科学、射电天文学、核物理学和开放获取等不同领域建立和托管科学机构，当前 ESF 托管的科学组织包括欧洲的"S 计划"、欧洲空间科学委员会、欧洲行星学会等。

网址：https://www.esf.org/

第二部分　开放科学名词解析

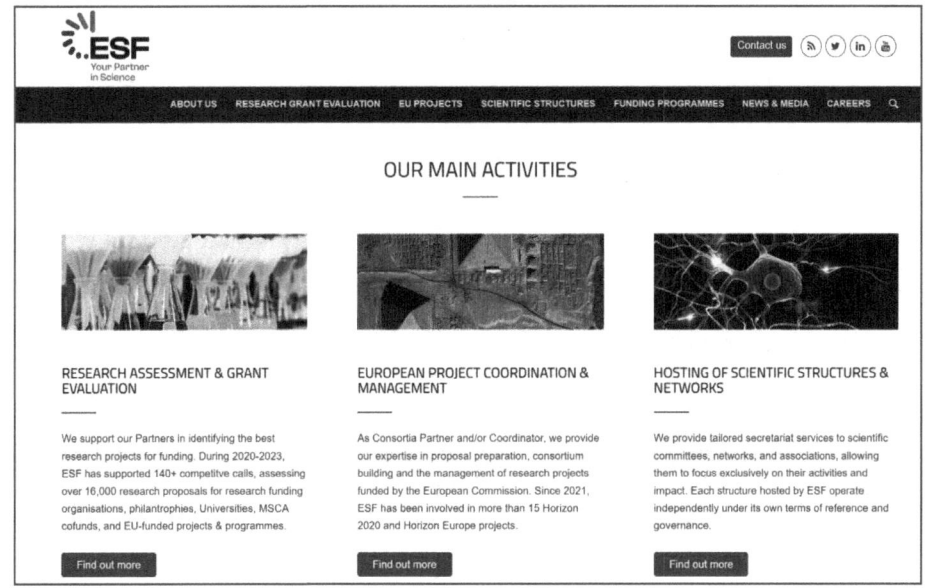

欧洲科学基金会

## 136. 阿拉伯科学和技术基金会

阿拉伯科学和技术基金会（Arab Science and Technology Foundation，ASTF）是独立的非营利性非政府组织，在区域和国际上开展工作，鼓励对科学和技术的投资。它是最早将阿拉伯世界的科学家聚集在一起的组织之一。

ASTF 旨在确定和支持阿拉伯世界科学技术领域开展的杰出科学研究活动并充当研究人员、投资者及受益者之间的联系人。ASTF 利用当地和外籍人士的专业知识为阿拉伯世界和全人类服务，成为阿拉伯国家协助执行科学计划的主要机构，并成为捍卫阿拉伯地区科技成果权益的国际性组织。

ASTF 的原则包括：通过合作为社会带去真正的改变和改进；以高度的透明度和简单的开发模式开展业务，并公开发布；利用技能和创造力开展创新，将发现的问题及时告知公众并采取行动予以解决；倡导包容，无论是世俗还是宗教意义上的包容；在需要的时候随时发挥带头作用，让个人和组织能够影响他人，实现共同目标。

ASTF 的目标是通过社会的积极作用和合作提高认识，使技术能够用于创新，为人类的健康和福利做出贡献，提升阿拉伯世界的教育、科技和技术交流水平。ASTF 通过提供信息、专业知识和选择来联系、合作和开展活动，为实际问题提供专业支持，改善阿拉伯世界和其他地区人民的地位和福利。通过采用可持续的、多阶段方法，推出符合共同利益的服务产品，从而去影响和改变世界。

网址：https://arab.org/

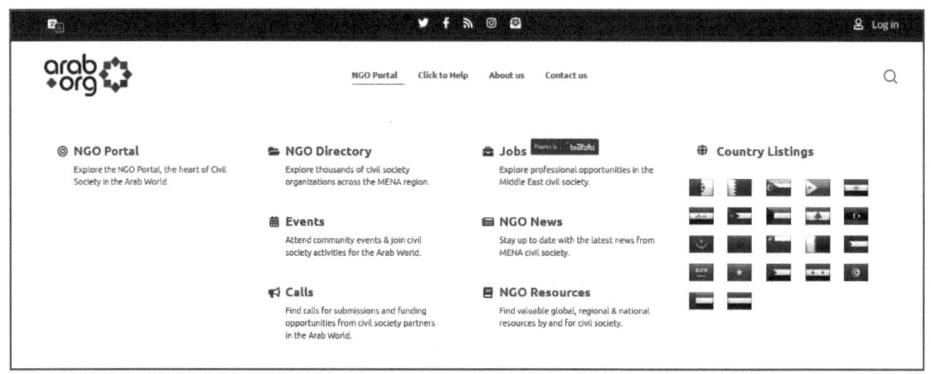

阿拉伯科学和技术基金会

## 137. 学术出版与学术资源联盟

学术出版与学术资源联盟（Scholarly Publishing and Academic Resources Coalition，SPARC）是由美国研究型图书馆协会于 1998 年创办的国际联盟，是一个致力于支持默认开放、设计公平的研究教育系统的全球联盟。SPARC 坚信每个人都能获得知识并为改造世界做出贡献，它通过开放获取、开放数据和开放教育的政策制定和实践，使人们能够解决重大问题并得到新发现。SPARC 的会员包括北美 250 家图书馆和学术组织。

SPARC 的主要工作内容包括以下 3 个方面：一是推动政策变革。SPARC 通过与地方、国家和国际层面的决策者密切合作，支持和激励对方为研究和教育提供开放和公平的政策。二是支持会员行动。SPARC通过提供及时的资源、有针对性的简报和深入的分析来支持会员，提升会员的决策和行动能力。三是培育并引导社区支持开放研究和教育工作。SPARC通过组织特定主题的实践社区，鼓励制定知识共享的新规范和新政策，解决种族主义、殖民主义和其他不公正因素所导致的知识隔绝问题。

SPARC的管理机构是SPARC指导委员会，该委员会由SPARC会员代表组成。指导委员会主要履行监督执行任务，并确定SPARC的使命、战略、运营优先级、政策立场和计划。指导委员会还监督SPARC的财务，并批准NVF-SPARC项目章程，该章程授予NVF法律、财政和行政监督权。SPARC的运营资金主要由会员资助，同时接受慈善组织的赠款和捐款，这些赠款和捐款仅用于特定的项目和倡议。

网址：https://sparcopen.org/

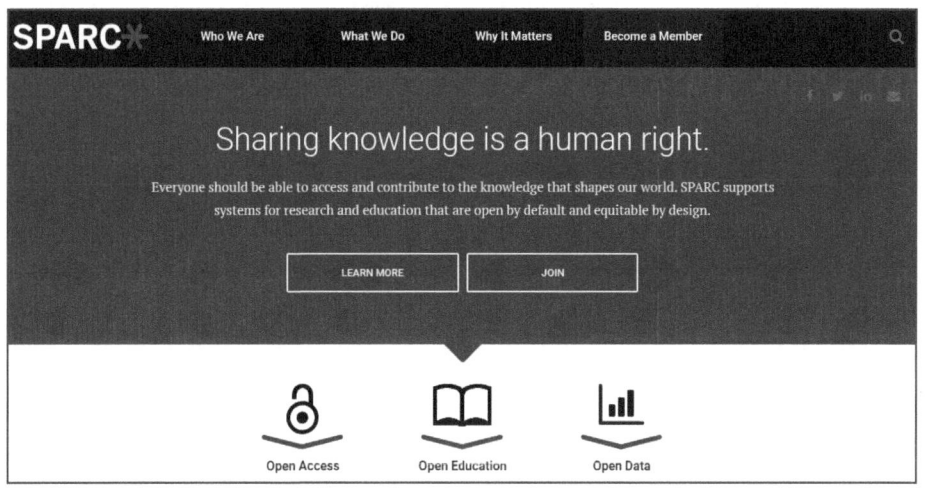

学术出版与学术资源联盟

## 138. 国际图书馆协会和机构联合会

国际图书馆协会和机构联合会（International Federation of Library Associations and Institutions，IFLA）成立于1927年9月30日，是在苏格兰爱丁堡召

开的英国图书馆协会年会上正式宣布成立的。它是代表图书馆和信息服务及其用户利益的主要国际机构，是图书馆和信息行业的全球代言人。截至目前，共有来自世界150多个国家的1500多个协会、机构和个人加入。

IFLA是世界图书馆界最具权威、最有影响力的非政府的专业性国际组织，是联合国教科文组织的A级顾问机构、国际科学理事会准会员和世界知识产权组织观察员，总部设在荷兰海牙。IFLA的愿景是把全球图书馆建设为一个强大而团结的领域，为文化、知情和参与性社会提供助力。IFLA的使命是通过提供工具、材料、讨论和学习论坛，对会员进行宣传，以激发、参与、启发和联结全球图书馆单位，确保图书馆领域的长期可持续发展。

IFLA的价值观是认可《世界人权宣言》第19条所体现的信息、思想和想象作品的自由获取及言论自由的原则，认为人、社区和组织需要普遍和公平地获得信息、思想和想象力，以实现社会、教育、文化、民主和经济福祉，提供高质量的图书馆和信息服务有助于实现上述目标。IFLA致力于促进和重视多样性和包容性，特别是在年龄、公民身份、残疾、种族、性别认同、地理位置、语言、政治哲学、种族、宗教信仰、性别、性取向或社会经济地位方面的多样性和包容性，并积极推行相关政策和做法。

IFLA的主要职责包括以下5方面：①推动图书馆和信息服务的进步与发展；②促进图书馆和信息服务的国际交流与合作；③为各国图书馆和信息服务界提供共同的论坛和平台，以交换信息、共享资源和共同解决行业内的挑战；④维护图书馆和信息服务的权益和利益；⑤通过培训、研究和学术活动，提高图书馆和信息服务的质量和水平。

网址：https://www.ifla.org/

国际图书馆协会和机构联合会

## 139. 开放研究资助者小组

开放研究资助者小组（Open Research Funders Group，ORFG）是一个致力于公开分享研究成果的组织。ORFG 最初是由学术出版与学术资源联盟发起的一项倡议，成立于 2015 年 10 月，是一个慈善组织的联盟，致力于公开分享研究成果和其他形式的奖学金。ORFG 成员持有的资产超过 255 亿美元，年度捐赠总额在 12 亿美元左右。

ORFG 相信开放对慈善事业、研究和社会更有益处。开放式研究可以加快发现的步伐，缩小信息共享的差距，鼓励创新，还可以促进研究结果的可重复使用。ORFG 建立了一个由相关方组成的联盟，旨在制定可操作的原则和政策，促进论文、数据和一系列其他研究类型的传播范围、透明度、可复制性和可重复使用性。

ORFG 主要有 2 个活动方针：

①让慈善机构参与实践社区，以制定、实施、监督和推进加速获得研究（包括论文和数据）帮助的战略。

②在有关开放研究政策、激励措施、基础设施和良好实践的跨部门讨论中，以资助者身份发声。

ORFG参与的活动包括月度成员会议、专注于政策合规性和数据共享等特定主题的工作组，以及关于开放研究领域新兴主题的分析和简报。ORFG开发了政策制定工具、"开放101"常见问题解答和"开放科学成功案例数据库"等资源。

ORFG支持一系列旨在协调、促进和扩大开放研究活动的跨部门活动，包括美国国家科学院、美国国家工程院和美国国家医学院关于调整开放奖学金激励措施的圆桌会议、开放奖学金高等教育领导倡议、开放奖学金联盟等。

网址：https://www.orfg.org/

开放研究资助者小组

## 140. 开放存取学术出版协会

开放存取学术出版协会（Open Access Scholarly Publishing Association，

OASPA）是一个从事开放学术研究的多元化组织社区，致力于鼓励并使开放获取成为学术成果交流的主要模式。OASPA 代表全球所有科学、技术及学科领域开放存取期刊和图书出版商的利益，致力于开发和传播促进开放获取的解决方案，努力打造一个多样化、充满活力和健康的开放获取社区，从交流信息、制定标准、优化模式、宣传教育和促进创新等方面加以实现，通过探索支持开放存取出版的可持续发展。

OASPA 是在开放获取期刊蓬勃发展的背景下出现的，其初衷是解决如何普遍支持开放获取出版，如何发展开放获取市场等问题，在从业者之间分享经验、建议和想法。在 2007 年和 2008 年期间，发展已成规模和独立的（科学家／学者）开放获取出版商开始共同酝酿建立一个更正式的协会来代表开放获取出版商利益，以支持所有的开放获取期刊出版商，包括营利性的、非营利性的、大学出版社、学会出版社和独立于出版组织的科学家／学者出版商。

2008 年 10 月 14 日，在由 Wellcome 基金会主办的伦敦开放获取日庆祝活动上，OASPA 正式成立，创始成员包括来自 BioMed Central、Co-Action Publishing、Copernicus Publications、Hindawi Limited、Journal of Medical Internet Research、Medical Education Online、Public Library of Science、SPARC Europe、Utrecht University Library 等机构的专业人员。

虽然开放获取出版最初是作为一种"新出版模式"出现的，许多人认为它只是一种实验，但如今它已成为传递科学传播的主流方法。2010 年，一些图书出版商与 OASPA 接洽，研究开放获取图书出版的可能性，从 2011 年起，OASPA 开始为开放获取图书出版商提供会员资格。

网址：https://oaspa.org/

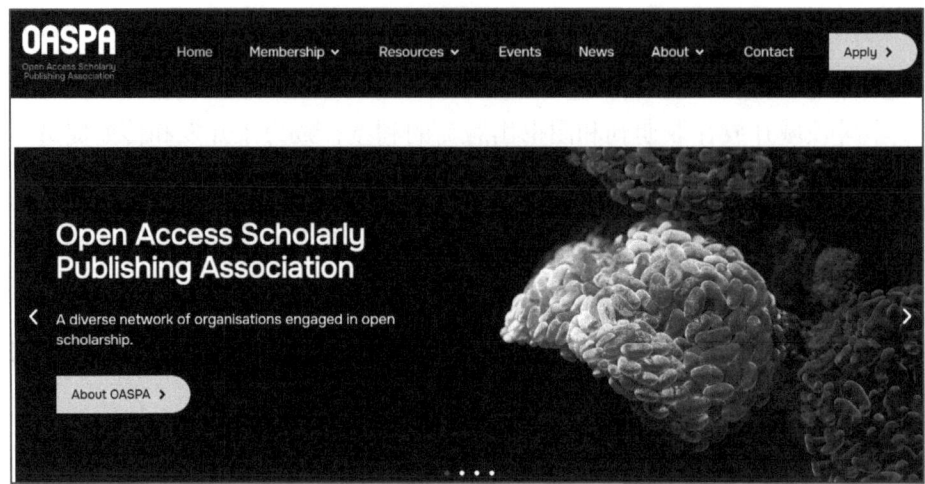

开放存取学术出版协会

## 141. 开放获取知识库联盟

开放获取知识库联盟（Confederation of Open Access Repositories，COAR）由一个名为 DRIVER 的联网欧洲所有知识库的项目发展而来。为适应世界各地知识库联网的国际化需要，COAR 于 2009 年 9 月正式成立。COAR 如今已发展成一个拥有来自 5 大洲 50 多个国家的 162 个成员和合作伙伴的国际协会，代表图书馆、大学、研究机构、政府资助者和其他机构。

COAR 通过将各个知识库和知识库网络链接在一起，以构建能力、调整政策和实践来充当知识社区的国际发声者。这些知识库保存了全球多样化和有价值的知识，并提供了可持续和可信赖的知识共享访问渠道，为科学和学术研究成果的开放共享提供了支持，推进了新发现的产生，提升了研究的社会经济影响和科学透明度。

COAR 的愿景是将知识库定位为开放科学学术的分布式、全球网络化基础设施，由学术界共同管理和治理。该基础设施与其他增值服务相连接，从而使系统更具包容性、学术性和创新性。COAR 的使命是通过基于国际合作和交互性的全球开放知识库网络，提高研究成果的可见性、可靠性和影响力。

COAR会员资格对任何法律实体都是开放的，包括不以营利为目的的高等教育、科研、基础设施和技术领域的机构。COAR鼓励会员以群组形式加入，这样能显著降低会员费。

2022—2024年，COAR的战略方向主要集中于以下方面：倡导分布式国际开放知识库网络在促进开放科学和文献多样性方面的重要作用；为加强和构建现代化知识库和知识库网络提供支持；促进知识库、知识库网络之间及知识库与其他系统和服务之间的一致性和互操作性；为知识库及与其他增值服务的交互定义并推动采用新的行为、技术和角色；提高组织的可持续性和有效性，强化COAR品牌。

网址：https://www.coar-repositories.org/

开放获取知识库联盟

## 142. 高能物理开放获取出版资助联盟

高能物理开放获取出版资助联盟（Sponsoring Consortium for Open Access Publishing in Particle Physics，SCOAP$^3$）是高能物理领域的资助机构、研究机构和图书馆组成的联盟，致力于将该领域学术论文转为开放出版。SCOAP³于2007年由欧洲原子能研究机构（CERN）和德国马普学会等机构发起，现已有中国、美国、德国、法国、英国、日本等45个国家或地区参加，此外，核物理领域的3个著名政府间国际组织欧洲核子研究中心（CERN）、国际原子能机构（IAEA）和联合核研究所（JINR）也是SCOAP³的合作伙伴。每个国家或地区通过一个或多个机构作为代表参与SCOAP³，包括科研机构、图书馆、图书馆联盟或者基金会等学术资助机构等。SCOAP³由这些国家或地区及代表机构联合出资，根据公开竞争原则向出版高能物理高水平论文的出版社招标购买开放出版服务，将中标的高能物理期刊或期刊中的高能物理论文转为开放获取的形式出版。SCOAP³专门制定了技术规范，对开放存取出版提出明确要求：论文发表后必须立即、永久地开放获取，论文按照知识共享协议授权使用；出版商不能再向用户（图书馆、作者等）收取任何形式与内容的订阅费，必须按照达成的协议减免联盟成员的订购费，对联盟成员保留印刷版的折扣定价等。根据官网统计，自2014年至今，SCOAP³已资助开放获取论文超过60 936篇。

网址：https://scoap3.org/

国际粒子物理开放出版资助联盟

## 143. 美国图书馆协会

美国图书馆协会（American Library Association，ALA）是世界上最大和最古老的图书馆联盟，成立于 1876 年 10 月 6 日，总部设在芝加哥。ALA 致力于图书馆、信息服务和图书馆职业的发展和改进，确保所有人都能获得信息。

图书馆联盟是图书馆联合的最新形式，是图书馆之间为了实现资源共享、利益互惠的目的而组织起来的，受共同认可的协议和合同制约的图书馆联合体，它既可以理解为馆际合作，也可以理解为传统图书馆与数字图书馆和虚拟图书馆，以及纸型资源与电子资源的互补共存。

美国是最早建立图书馆联盟的国家，自从 ALA 成立之后，图书馆合作开始取得长足发展。20 世纪前后，馆际互借与联合编目开始登上历史舞台。这两种合作形式大大提高了图书馆合作的效益，时至今日仍然是图书馆合作的重要形式。

ALA 的宗旨是通过交流观点、得出结论和引导合作，公众同意建立和改进图书馆，在会员之间培养良好的意愿，提升全世界图书馆的利益。ALA 的重点活动范围包括以下 5 个方面：①通过为所有人提供有价值信息的获取途径，推动经济、社会和环境方面的可持续发展。②通过致力于在全球、地区和国家层面进行版权改革、赋予图书馆明确和可执行的合法权利来执行图书馆使命，以此促进在知识生产和共享方面采用开放做法。③通过与其会员合作，维护知识自由、文化教育机会、数字包容和不受歧视的自由，构建一个包容的基于权利的信息社会。④从基础设施建设、法律和财政支持等方面为图书馆提供支持性环境。⑤通过制作世界图书馆地图、描绘全球图书馆开创性的未来、发布思考图书馆领域未来的《国际图联趋势报告》及为所有人提供信息获取进展信息的《发展与信息获取（DA21）》报告、制定国际图联标准、发布国际图联出版物等启发性和增强性专业实践，推动图书馆及其服务的发展；为全球图书馆和信息工作者提供见面、交流和相互学习的空间、机会和工具，以推动全世界图书馆的共同发展。

网址：https://www.ala.org/

美国图书馆协会

## 144. 美国国家科学基金会

美国国家科学基金会（NSF）成立于1950年，是美国联邦政府资助基础科学研究与教育的重要机构，也是美国大学尤其是研究型大学获得联邦政府资助的主要来源，对美国科学研究的发展有着重要的影响。

NSF是独立的联邦机构，旨在促进科学进步、提升国民健康、推动经济繁荣和提高社会福利，确保国防安全，同时为美国50个州和领土的科学和工程提供支持，主要通过赠款来履行使命。

NSF致力于支持两种类型的研究：一是以解决方案为导向的研究；二是由好奇心驱动且有望为美国人民带来进步的研究。NSF在联邦政府的投资中占据了约25%的比例，专门用于支持美国学院和大学的基础研究。平均而言，NSF每年大约资助318 000名研究人员、企业家、学生和教师，协助他们探索未知领域，揭示大自然的奥秘。这些资金主要用于支持除医学科学以外所有基础科学和工程领域的基础研究，以及那些能够创造出改善生活质量的产品和解决方案的研究。

NSF 每年大约支持 2000 所学院、大学和其他机构，推动美国及全球的学院、大学、行业、非营利性组织、政府和其他组织之间的研究合作。这样的合作旨在激发创新思维和方法，将科研成果转化为实实在在的社会利益。为了保持美国在科技领域的领先地位，NSF 投资建设了超级计算机、地面望远镜、极地研究站、高能磁铁实验室、长期生态观测站、工程中心等设施，并提供最先进的科研工具。NSF 还通过投资 12 000 个研究、教育和培训项目，吸引了来自多元背景和各个领域的人才，确保为应对科学和工程领域的全球性挑战做好人才储备。

在开放数据共享平台等有助于推动科研全流程数字化的开放科学演变进程中，NSF 为第三方机构提供了重要的资金与政策支持。NSF 于 2010 年 1 月发布的项目管理指南明确规定：从 2011 年 1 月 18 日起，所有提交给 NSF 的项目申请书都必须包含一份两页之内的"数据管理计划"的附件，该计划需详细描述申请者如何管理研究项目产生的数据，包括数据类型（样本数据、软件、课程资料、物理标准等其他资料）、数据标准（元数据和内容标准）、数据获取与共享政策（隐私保护和安全、机密、知识产权等）、数据存档与保存计划。该指南同时规定：没有数据管理计划的项目申请将不予接受。数据管理计划不必包含每一个细节，但必须说明这样做的理由。

网址：https://www.nsf.gov/

NSF 标志

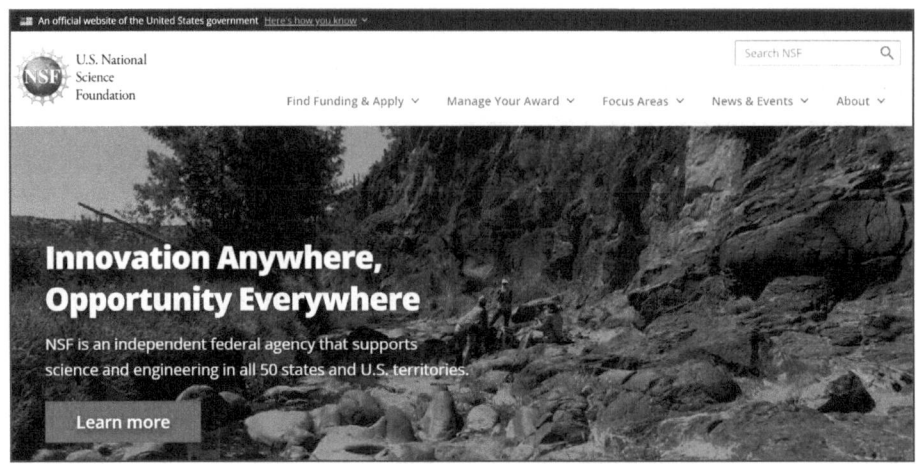

美国国家科学基金会

## 145. GO FAIR 组织

GO FAIR 是一个全球性的倡议，旨在推动开放科学（Open Science）的实践，特别是在数据管理和共享方面。它的全称是"Global Open FAIR"，其中 FAIR 代表的是"Findable，Accessible，Interoperable，Reusable"，这 4 个词概括了 GO FAIR 的核心原则。它为不同个体、机构和组织通过信息网络系统（INs）实现合作提供了一个开放包容的生态系统。

GO FAIR 的起源可以追溯到 2014 年，当时一群科学家和专家在荷兰莱顿召开了一次会议，讨论了开放科学和数据管理的未来方向。这次会议的结果是启动了 GO FAIR 倡议，并在全球范围内得到了积极响应。

GO FAIR 通过"去改变""去培训""去建设"3 个活动模块实现 FAIR 数据原则：

"去改变（GO CHANGE）"，专注于实施公平的优先事项、政策和激励措施，旨在建立新的 FAIR 学术文化的范式转变。

"去培训（GO TRAINING）"，专注于公平意识和技能发展培训，旨在创建可扩展的、利益相关者驱动的框架，以快速培训大量有能力的认证数据管理员。

"去建设（GO BUILD）"，专注于公平的技术。GO FAIR 的主要目标之一是公平数据和服务互联网构想的实现，它是一个集成了数据、工具和计算能力的全球基础设施。这一目标的实现除了需要社区的支持和协调，还需要 GO BUILD 去设计、开发和部署这一基础设施所需要的技术。

GO FAIR 的目标是创建一套标准和最佳实践指南，以确保科学研究产生的数据和其他研究成果可以被轻松地发现、访问、集成和重用。这涉及从数据收集、管理到共享和使用的整个生命周期。GO FAIR 的治理结构于 2022 年建立，由利益相关者论坛和执行委员会两个治理机构组成。

GO FAIR 的影响力体现在多个方面，包括推动开放科学政策的制定、促进数据共享的实践，以及提高科学研究的透明度和可重复性。通过 GO FAIR 的努力，越来越多的研究机构和组织开始采纳 FAIR 原则，以改进他们的数据管理和共享做法。

网址：https://www.go-fair.org/

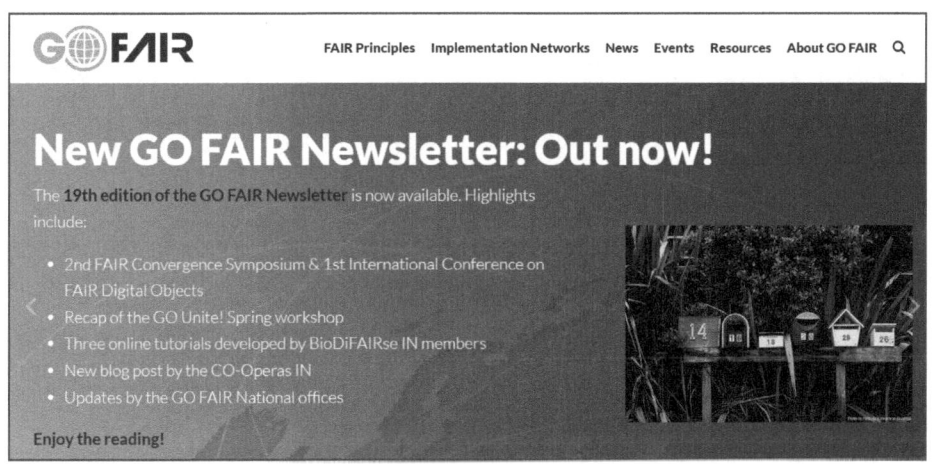

GO FAIR 组织

# 十、公民科学

## 146. 公民科学

公民科学又称公众科学（Citizen Science）、社区科学（Community Science）、公众参与式科学研究（Public Participation in Scientific Research）等，是指包含了非职业科学家、科学爱好者和普通公众参与的科研活动模式，它允许普通民众参与到科学研究的过程中，无论是通过收集数据、分类物种还是验证算法等方式。这种模式充分利用了公众的热情和多样性，扩大了科学研究的范围和能力，同时提高了公众对科学的理解能力和兴趣。

从20世纪开始，在以博物学、考古学、天文学等为代表的研究领域，一些大范围的公民科学长期项目获得发展。如美国国家气象局的"合作观察者项目"从1890年开始收集天气数据至今，来自这个项目的数据已被广泛地用于天气预报、天气监测、极端天气预警、气候变化等研究。如今，公民科学活动已经遍及欧美各国，国际上相关组织机构已经多达1100个。

我国也有类似的项目正在开展，中国科学院植物研究所2007年开始建设中国自然标本馆（Chinese Field Herbarium，CFH）生物多样性信息平台，已逐步建立起以物种名称与分类系统为核心的生物多样性基础数据支持，包含在线自然观测数据管理、在线物种鉴定协作、自动化编目管理等内容的生物多样性科学共同体信息化协作新模式，形成了公众参与生物多样性调查与监测的有效机制。

公民科学与开放科学之间存在着紧密的联系。开放科学强调科学知识和数据的公开性和可访问性，而公民科学正是基于这种理念，让公众有机会接触和使用科学数据，参与到科学研究中来。例如，一些公民科学项目会让参与者使用在线平台来标记图像或者记录观察结果，这些数据随后会被用于科学研究,从而实现了数据的开放共享和利用。因此,可以说公民科学是开放科学的一种表现形式和实践方式,它通过公众的直接参与,进一步推动了科学知识的民主化和科学实践的开放化。

公民科学对于传统上仅由职业科学家开展的科学数据的收集、整理和分析是一个有效补充。随着信息和互联网技术的发展,公民科学项目对于传播科学知识、提高公众对科学的理解能力发挥着越来越重要的作用,并直接影响政府的管理和决策行为。有学者提出,公民科学研究通常致力于解决突出的社会问题,有利于公共利益,并不主要关注理论问题。相较于职业研究者更注重个体性和研究信息所有权,公民科学拥有信息自由流通、集体成就感的特点,与开放科学信息公开与知识共享的原则更为贴合。

## 147. 星系动物园

星系动物园(Galaxy Zoo)是最具代表性的众包开放科学项目,由英国牛津大学的天体物理学家肖文斯基(K. Schawinski)团队于2007年发起。该项目源于SDSS天文研究项目,旨在处理包含约10亿个天体光度信息和400多万个天体光谱信息的海量图片,以辨别和分类形如星系的目标。面对庞大的数据,肖文斯基团队从地外智慧生物搜寻(SETI)项目中获得灵感,设计了星系动物园项目,期望召集公众参与星系样本的分类。项目简明的操作提示和简单的操作方法,使得无需专业背景的志愿者也能在电脑上为学术研究贡献力量。最终,项目获得了超过10万名志愿者的注册加入,仅175天就完成了4000多万个(次)分类,平均每个星系得到38次鉴别,远超预期。

星系动物园项目不仅发表了360多篇相关论文(截至2022年6月),还产生了一些开源的分析数据集,展示了公众科学的强大作用。如今,项目已超越天文学与星系范畴,拓展到科学、人文、艺术等12个大类的数百个项目,升级成为宇宙动物园(Zooniverse)。

星系动物园项目的成功，不仅在于其科学贡献，还在于其社会影响和公众参与度。项目通过在线平台让志愿者参与星系分类，提高了公众对科学研究的意识和参与度，促进了科学教育和公众对天文学的兴趣。同时，项目也面临着确保数据准确性和一致性的挑战，通过开发算法验证分类结果和建立反馈机制来解决。项目的未来发展方向可能包括技术整合，如机器学习和人工智能，以提高数据处理效率，并探索新的研究领域。星系动物园项目以其开放性、协作性和创新性，成为了公众科学领域的典范，展示了公众科学在解决大规模科学问题上的潜力，并为其他领域的公众科学项目提供了宝贵的经验和启示。

网址：https://www.zooniverse.org/

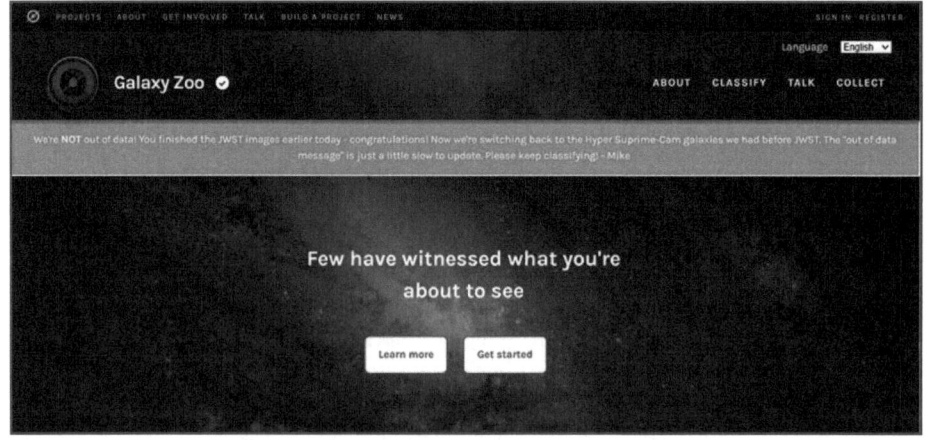

星系动物园（Galaxy Zoo）

# 148. Zooniverse 平台

Zooniverse 是一个由美国公众科学联盟（Citizen Science Alliance）拥有和运营、为公众科学服务的在线平台。Zooniverse 的使命是通过吸引公众参与科学研究，促进科学研究的普及和发展。Zooniverse 最初于 2009 年 12 月推出，是在一个知名的公众科学项目 GalaxyZoo 的基础上发展起来的。2015 年 6 月，Zooniverse 发布新版本，允许任何注册用户创建项目，在完成审批流程后将其项目列入 Zooniverse 网站并推广到 Zooniverses 社区。

该平台提供了许多在线研究项目，包括天文学、生物学、历史学、语言学等领域，主要包括 50 多个活跃的在线公民科学项目，特色项目有星系动物园项目 Galaxy Zoo，蝙蝠研究项目 Bat Detective，南极科学杂志项目 The Zooniverse Journal of Antarctic Science，全球生物多样性项目 Tree of Life，人类历史档案项目 Human History Archive 等。全球范围内的公众都可以注册账号并参与项目，平台目前有超过 160 万来自全球的注册志愿者为科学研究做出贡献。

平台通过将普通公众、科学研究人员及其公众科学项目聚集、联结起来，从而构建了一个较为完善的公众科学生态系统，在支持科学研究人员创建和推进公众科学项目、借助公众广泛参与加速科学发现和知识创新的同时，也帮助普通公众探索未知世界和增强科学素养，最终推动科学交流、公众科学的整体发展和持续创新。

网址：https://www.zooniverse.org/

Zooniverse 网站

## 149. 公民科学全球伙伴关系

公民科学全球伙伴关系（Citizen Science Global Partnership，CSGP）是一个全球性的关系网络，它由多个公民科学组织联合组建而成，旨在推动公民科学发展，以创造一个可持续发展的世界。公民科学全球伙伴关系于

2017年12月在联合国科学、政策和商业环境论坛上，由联合国环境规划署（UNEP）与其他机构联合创立，并得到了联合国教科文组织（UNESCO）的支持。其主要任务之一是探索公民科学如何帮助监测联合国可持续发展目标的进展情况。这些目标涵盖了从消除饥饿到防治环境退化的多个方面，旨在到2030年实现全球可持续发展。

CSGP的核心是由覆盖全球大部分地区的6个公民科学协会组成的网络：澳大利亚公民科学协会（ACSA）、非洲公民科学协会、CitizenScience.Asia、美国促进参与式科学协会（AAPS）、欧洲公民科学协会（ECSA）和伊比利亚美洲参与式科学网络（RICAP）。这些组织的联合不仅增强了公民科学在全球的影响力，也促进了不同国家和地区在公民科学领域的交流与合作，共同推进了科学研究的民主化和公众参与度的提升。

CSGP的工作重点在于促进公民科学在各个领域的应用，尤其是在医疗保健研究等领域。例如，在个人健康数据研究领域，CSGP支持的平台和应用程序使得个人能够安全地上传与健康相关的数据，如心率、血糖、血压等健康追踪器测得的数据，以及基因检测和电子健康记录信息。此外，CSGP还关注流行病学研究，通过建立收集流行病学数据的公民科学平台，为全球的健康研究做出贡献。

网址：https://citizenscienceglobal.org/

公民科学全球伙伴关系

## 150.Foldit

Foldit 是一款由华盛顿大学蛋白质设计研究所和计算机科学与工程系共同开发的蛋白质折叠计算机游戏。它将蛋白质的 3D 构象转化为游戏谜题，让玩家通过操作寻找蛋白质的最低能量构象，这有助于后续的药物研发研究。Foldit 利用众包和分布式计算的方式，使玩家参与到科学研究中，玩游戏的过程实际上就是参与生物学、医学和化学等领域的科研工作。

这款游戏不仅是一种面向公众的科学游戏，实际上还解决了多个重要的科学难题。2011 年，Foldit 玩家在三周内成功解析了 M-PMV 逆转录病毒蛋白酶的蛋白质结构，这一成果发表在《自然》杂志上，标志着首次通过众包方式解决了高难度的蛋白质结构问题，证明了一般民众参与科学研究的可能性。2019 年，Foldit 玩家设计出了一种能与流感病毒结合的新型蛋白质，为开发抗流感药物提供了新的思路。Foldit 在蛋白质设计、小分子设计和蛋白质结构解析等领域做出了显著的科学贡献，并在推动公众参与科研和教育，以及疾病治疗和生物工程领域展现出巨大潜力。

以 Foldit 为代表的公众科学游戏，通过将科研任务游戏化，以简单有趣的形式吸引全球玩家参与科研项目。其免费、非盈利的运营模式使得玩家的贡献能够被正式记录和认可，激发了大量玩家的热情。庞大的玩家群体跨越了专业的科研边界，促进了科研工作中新视角的引入，有效提高了研究效率。

网址：https://fold.it/

Foldit Logo

## 151. 中国自然标本馆

数字标本是指数码照片以及关联的作者、时间、空间等各种信息形成的数据集，通过数字标本能够调查植物、动物、真菌、植被、土壤、岩石、矿物、自然景观、文化景观等各种层次的自然多样性，极大扩展了传统标本概念的范畴和灵活性，降低了参与协作的门槛。在国家标本资源共享平台的支持下，中科院植物研究所、上海辰山植物园自2006年提出"将地球变成活的标本馆"的理念，并于2008年开始建设中国自然标本馆（Chinese Field Herbarium），旨在通过发动公众参与的方式，收集生物物种照片，促进全国生物多样性的调查与监测。

"中国自然标本馆"项目自2005年起形成概念框架，2006年10月形成项目计划，2007年4月起开始信息平台建设，2008年2月第一版上线，2009年6月第二版上线，之后不断完善优化，开发新功能。目前已经建立了生物多样性名称与分类系统管理、便捷的物种鉴定、野外调查数据的自动化整理整合与编目、个性化的功能聚合与服务等功能体系，利用全球定位系统、数码多媒体技术和互联网技术，实现了生物多样性信息的在线发布和管理。

截止2024年底，中国自然标本馆已吸引了25,829个注册用户，累计收集了22,368,464张生物照片，其中鉴定照片达到17,193,094张，数字标本超过2,549,035张，包含大量精确的物种分布记录信息，不仅仅有中国的物种，还包括了国外大量物种。以CFH为平台，植物爱好者和植物分类学家协作已经共同发现和发表了3个植物新种，还有许多正在研究之中。

该项目以其开放性和互动性特点，鼓励公众、科学家和教育机构之间的合作，增强了公众对生物多样性的认识，并为生物多样性保护和可持续利用提供了科学依据。其科学贡献体现在支撑了《中国植物物种名录》等重要志书的出版，并参与了泛喜马拉雅地区综合考察等重大国际合作项目。

社会影响方面，通过举办科普活动，提升了公众科学素养，近 5 年来共举办 1500 余场科普活动，受众达 365 万余人次。这些活动不仅让公众亲身体验科学的魅力，还激发了他们对自然科学的兴趣和热情，对提升国民自然科学常识水准起到了积极作用。

网址：https://www.cfh.ac.cn

## 152. 中国观鸟记录中心

中国观鸟记录中心（China Bird Report Center）是由全国观鸟组织联合行动平台（朱雀会，China Birdwatching Association）发起并管理的公众科学项目。该项目起源于对鸟类多样性和分布情况的记录需求，其目标是通过收集和分析全国观鸟爱好者的观测数据，建立一个全面、准确、实时更新的鸟类数据库，以支持鸟类保护、科学研究、生态保护、政策制定和公众教育。

截至 2024 年底，中国观鸟记录中心已收录《中国观鸟年报 – 中国鸟类名录 3.0 版》中的 1380 种鸟类和《中国鸟类分类与分布名录（第四版）》中的 1399 种，约占全国鸟种的 93% 和全球鸟种的 16%；共收集到 1,031,407 篇报告和 15,158,747 次鸟种记录。

该项目通过动员全国观鸟爱好者参与，实现了对鸟类种群和分布的大规模监测，为鸟类保护提供了科学依据。同时，项目出版了《中国鸟类观察》双月刊杂志，进一步扩大了其社会影响力。中国观鸟记录中心以其广泛的参与性和数据的系统性为特点，在科学研究方面发挥了重要作用，例如，发现了极危鸟类青头潜鸭的新繁殖地，为鸟类保护和科研提供了基础数据支持。

利用先进的数据分析技术，中国观鸟记录中心对收集到的鸟类观察数据进行处理和分析，生成各类统计报告，并实现数据的可视化，帮助用户直观地了解不同地区、不同时期的鸟类分布情况和迁徙动态。中心为鸟类学研究提供了宝贵的实地数据，促进了濒危鸟类保护工作，推动了公民科学的发展，并鼓励更多人参与到生态保护中来。

网址：https://www.birdreport.cn/

## 153. 公众超新星搜寻项目

公众超新星搜寻项目（Popular Supernova Project，简称PSP）是一个由星明天文台和中国虚拟天文台（China-VO）于2015年合作发起的公民科学项目。该项目旨在鼓励普通民众参与天文学研究，特别是新天体尤其是超新星的搜寻工作。PSP项目通过计算机技术筛选天文图像，然后利用人眼识别可疑目标，结合计算机和人力处理太空数据，无需参与者具备深厚的天文或物理背景。

PSP的前身是星明天文台超新星小行星搜索计划（SASP），自2010年建立以来一直保持高活跃度，并不断吸引新志愿者加入。该项目为天文学家提供了大量候选超新星数据，加速了超新星的发现过程，至今已独立发现约30颗超新星。在社会影响方面，PSP不仅提高了公众对天文学的兴趣和认识，促进了科学普及，还展示了公民科学在全球科研合作中的潜力。通过PSP，公众可以轻松参与天文学研究，只需查看图像、寻找可疑目标并上报，无需复杂的数学物理知识，使得天文学研究变得更加亲民和普及。

网址:https://nadc.china-vo.org/psp/

公众超新星搜寻项目网站首页

## 154. 开放科学慕课

慕课(Massive Open Online Courses,MOOC)是"大规模开放在线课程"的简称,这种教育模式在 21 世纪初开始兴起,并迅速在全球范围内流行,是开放科学架构下公民科学的重要组成部分。慕课依托世界各地的顶尖大学和学术机构,借助互联网平台为学习者提供免费的高质量课程资源。

2007 年,美国犹他州的两名高中教师开展了一项名为"联通主义"的实验,旨在探索通过互联网将学生与全球知识源联结起来的可能性。2008 年,加拿大学者戴夫·科米尔(Dave Cormier)和布莱恩·亚历山大(Bryan Alexander)首次提出了"慕课"这一术语。2012 年,斯坦福两位计算机科学教授创办了 Coursera 平台,与此同时,麻省理工学院和哈佛大学联合成立了 edX 平台,这两个平台的成立标志着慕课时代的正式开始。

同年，经美国 Coursera、MITx 和 Udacity 三家慕课企业的推广，慕课在全世界获得快速发展，并引起广泛关注。

慕课的主要特点是课程资源的开放性、覆盖范围的广泛性和参与学习的灵活性。学习者不会受到地理位置的限制，可以访问包括名校在内的优质教育资源。慕课涵盖了从人文社科到自然科学的各种学科领域，并且往往包含视频讲座、阅读材料、作业练习和论坛讨论等多种互动形式。随着技术的进步和在线教育模式的不断优化，慕课正在持续发展，逐步成为现代教育体系的重要组成部分。

开放科学慕课旨在帮助学生和研究人员掌握在现代研究环境中所需的知识、工具和技能。它汇集了数百名研究人员和从业者的努力和资源，推动研究向前发展。

开放科学慕课的内容可提炼为 10 个核心模块，每个模块包含完整的资源，包括视频、研究文章、虚拟数据集和代码，以及作为个人或团队需要完成的任务。用户在完成每个模块后，开放科学慕课将会给用户颁发证书。

截至目前，开放科学慕课为用户提供了以下 10 个模块的服务：

（1）开放原则模块

用户可以通过该模块了解"开放运动"的指导原则，以及"开放运动"所涉及的不同参与者和他们所产生的影响。

（2）开放协作模块

用户可以通过该模块了解当今促进研究工作交流融合的有效协作平台。

（3）可重复的研究和数据分析模块

用户可以通过该模块了解研究所需的必要工具，以及获取所需透明的、可重复的、可读的报告。

（4）开放研究数据模块

用户可以通过该模块向其他用户分享自己的研究及数据，其他用户可通过平台获取该研究和数据，并对研究进行验证。

(5) 开放式研究软件和开源模块

用户可以通过开源模块将自己开发的软件转换为可供他人公开访问。

(6) 开放获取研究论文模块

用户可以通过该模块熟悉学术出版的历史，获取相关领域的研究论文等。

(7) 开放式评估模块

用户可以通过该模块发表对当前研究的评论，也可开放同行评议和研究评估。

(8) 公众参与科学模块

用户可以通过该模块了解科学研究的基础知识，让科学研究的传播不再只局限在科学界。

(9) 开放的教育资源模块

用户可以通过该模块免费获取开放式教育资源，也可提供自己的开放式教育资源。

(10) 开放倡议模块

该模块通过倡议让研究人员和利益相关者积极投身到开放科学的各项工作中。

网址：https://opensciencemooc.eu/

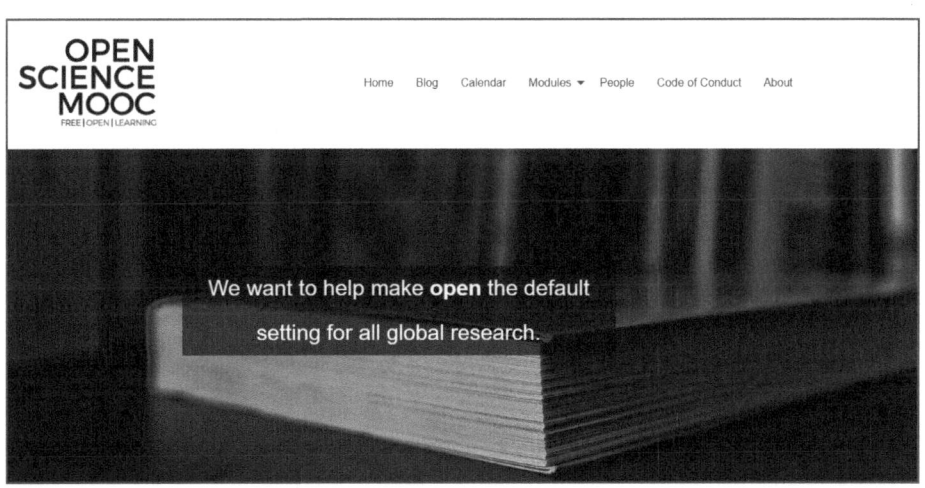

开放科学慕课平台

# 第三部分
## 开放科学政策解析

# 1. 关于科学和利用科学知识的宣言

**英文全称**：Declaration on Science and the Use of Scientific Knowledge
**发布时间**：1999 年 7 月 1 日
**发布机构**：联合国教科文组织（United Nations Educational, Scientific and Cultural Organization）
**网络链接**：https://unesdoc.unesco.org/ark:/48223/pf0000116994

1999 年 6 月 26 日—7 月 1 日联合国教科文组织和国际科学理事会在布达佩斯主办了"科学为二十一世纪服务：一项新任务"世界会议（也称"世界科学大会"）。大会通过了《关于科学和利用科学知识的宣言》（简称《宣言》）、《科学议程—行动框架》两个文件。《宣言》提出了科学为经济的可持续发展服务、建立科学伦理学等崭新要求，具有全面性、系统性和很强的现实针对性，具有重要的理论意义和现实意义。我国也签署了该《宣言》。

《宣言》由 5 个部分组成：序言；科学为知识，知识促进进步；科学促进和平；科学促进发展；科学存在于社会，科学服务于社会。《宣言》阐述了对科学的性质、目的、任务的规定，深入探讨了科学的进步作用，科学发展应当遵循的方针、政策，提出了科技的负面效应的成因及防止其发生的方法，如何利用科技更好地为可持续发展服务，讨论了科学伦理规范构建等问题。

《宣言》提出："科学知识已成为创造财富的关键因素，因此，其分布也已变得越来越不公平。穷者（无论是穷人还是穷国）与富者之间的区别不仅仅在于他们拥有的财富较少，而且还在于他们大多被排斥在创造和分享科学知识之外。"大会把"科学知识应该被公平合理地分享和传播"作为一个重要的伦理学问题提出，要求科学家和世界主要国家负起自己的责任。

《宣言》对传统知识的作用给予了高度评价，第 26 款指出："作为认识世界和了解世界的重要手段的传统知识和民间知识，可以并且在历史上曾经对科学技术做出重要的贡献，必须保存、保护、研究和发扬这种文化遗产和实际经验知识。""现代科学不是唯一的知识，应在这种知识与其他知识体系和途径之间建立更密切的联系，以使它们相得益彰。"这一观点对传统文化知识的保护和传承起到了积极的作用。地方性知识（Local Knowledge）的价值和地位受到了当前世界主流科学家群体的共同认可。

原文链接

## 2. 布达佩斯开放获取倡议

**英文全称**：Budapest Open Access Initiative（BOAI）

**发布时间**：2002 年 2 月 14 日

**发布机构**：开放社会研究所（Open Society Institute）

**网络链接**：https://www.budapestopenaccessinitiative.org/

2001 年 12 月布达佩斯开放获取会议对开放获取的内涵、标准及组织形式等进行了讨论，并在之后发布了《布达佩斯开放获取倡议》。该倡议提出了"开放获取"这一新概念。科学家出于探索的目的，愿意无偿在学术期刊上发表研究成果，期刊通过互联网在全球范围内以电子方式分发，所有科学家、学者、教师、学生和其他好奇的人都可以完全免费、不受限制地获取这些文献。这种新模式将提升科学研究速度，丰富教育资源，提高文献的利用度，促进人类建立共同的知识基础。

"开放获取"模式下，允许任何用户阅读、下载、复制、分发、打印、搜索或链接到这些文章的全文，将它们作为数据调用，或用于其他合法目的，没有金融、法律或技术障碍。作者对其作品完整性保留控制权，以及被适当承认和引用的权利。

文献开放获取的总成本远远低于传统传播形式的成本，因此，专业协会、大学、图书馆、基金会和其他机构将有兴趣推动开放获取机制的建立和发展。这保证了开放获取模式的可行性。

该倡议提出了"自我存档"（Self-Archiving）和"开放获取期刊"（Open-Access Journals，OAJ）2种开放获取方式。自我存档模式下，科研人员将期刊论文存入开放的电子档案，这些档案符合"开放档案倡议"中的标准，通过搜索引擎提供使用。开放获取期刊模式下，基于开放获取模式的新型期刊将创建并得到推广，此类期刊上所发表的所有文章将会永久开放。

《布达佩斯开放获取倡议》的发布引发了一场世界范围的将所有最新发表的同行评议的研究成果开放获取的全球性运动。该倡议邀请政府、大学、图书馆、期刊编辑、出版商、基金会、学术团体、专业协会、有共同愿景的学者，一起加入推动开放获取的活动中来，消除现有障碍，建设一个让世界各地的研究和教育更加自由发展的未来。

原文链接

# 3. 贝塞斯达开放获取出版声明

**英文全称**：Bethesda Statement on Open Access Publishing

**发布时间**：2003年6月20日

**网络链接**：https://dash.harvard.edu/bitstream/handle/1/4725199/Suber_bethesda.htm

《贝塞斯达开放获取出版声明》是一份关于医学领域科技文献开放获取方面的文件，该文件于2003年4月11日在美国马里兰州切维蔡斯霍华德·休斯医学研究所举行的一次会议上由与会人员共同起草，其目的在于引发生物医学领域科技人员对科技文献开放获取的关注和讨论，群策群力推动科技文献开放获取的尽早实现。该声明号召所有相关机构，包括科学研究资助机构、科学家群体、文献出版商、图书馆和其他机构和人员，共同采取具体措施，以推动传统科技出版向开放获取出版的快速有效过渡。

该声明将开放获取出版物定义为满足以下两个条件的出版物：

作者和版权所有者除了授予所有用户免费、不可撤销、全球性、永久的访问权，还会给予在任何数字媒体上负责任地公开复制、使用、分发、传输和展示作品与制作和分发衍生作品的许可，但须正确注明作者身份，以及制作少量印刷副本供个人使用的权利。

作品的完整版本和所有补充材料，包括上述许可的副本，以适当的标准电子格式，在首次出版后立即存放在至少一个在线存储库中。该存储库由学术机构、学术协会、政府机构或其他寻求实现开放获取的成熟组织支持，可以不受限制地分发、互操作和长期存档。

可以看出，贝塞斯达开放获取出版声明受到了2002年布达佩斯开放获取倡议的影响，可以看作医药领域科研群体对布达佩斯开放获取倡议的一个积极响应。

原文链接

## 4. 关于科学和人文知识开放获取的柏林宣言

**英文全称**：Berlin Declaration on Open Access to Knowledge in the Sciences and Humanities

**发布时间**：2003年10月22日

**发布机构**：德国马克斯·普朗克科学促进学会

**网络链接**：https://openaccess.mpg.de/Berlin-Declaration

《关于科学和人文知识开放获取的柏林宣言》（简称《柏林宣言》）是开放科学发展历史上的一份重要宣言，具有重要而广泛的国际影响力。《柏林宣言》由马普学会发起，迄今为止，已有德国马普学会、弗劳恩霍夫研究所、莱布尼茨科学联合会、法国国家科学研究中心、欧洲科学院等科研机构,以及一些国家的图书馆和大学等550多个机构及国际组织签署了《柏林宣言》,成员数量还在不断增加。

2003年10月22—23日,马普学会在柏林召开会议,在《布达佩斯开放获取倡议》的基础上起草并通过了《柏林宣言》。该宣言旨在利用互联网整合全球人类的科学与文化财产,为来自各国的研究者与网络使用者在更广泛的领域内提供一个免费的、更加开放的科研环境。呼吁向所有网络使用者免费开放更多的科学资源,以更好地利用互联网进行科学交流和学术出版活动。

《柏林宣言》提出,开放获取的对象是经科学界认可的人类知识和文化遗产的综合性信息资源,包括原始的科研论文、数据和元数据、参考资料、照片和图表、学术类多媒体资源等。《柏林宣言》界定了开放获取的基本原则、目标及任务,为开放获取政策实践指明了方向,有力推动了开放获取在全球范围内的快速发展。

《柏林宣言》的主要内容包括鼓励科研人员与学者在"开放获取"的原则下公开他们的研究工作;鼓励文化机构通过在互联网上提供他们所拥有的资源来支持"开放获取";用发展的手段和方法来评估"开放获取"对科技成果的贡献,以维护在此过程中确保质量和良好科学实践的标准;支持对诸如公开发行出版物等在宣传和使用价值上进行重新评估。

2004年5月,在庆祝中国科学院和马普学会科学合作30周年的庆祝大会上,时任全国人大常委会副委员长、中国科学院院长路甬祥和国家自然科学基金委员会主任陈宜瑜分别代表中国科学院和国家自然科学基金委员会签署了《柏林宣言》,以推动全球科学家共享网络科学资源。中国科学院和国家自然科学基金委员会此举即是中国科学机构对《柏林宣言》的积极响应。

原文链接

## 5. 关于公共资助的科研数据获取的指导方针和原则

**英文全称**：OECD Principles and Guidelines for Access to Research Data from Public Funding

**发布时间**：2007年6月

**发布机构**：经济合作与发展组织（Organisation for Economic Co-operation and Development）

**网络链接**：https://www.oecd-ilibrary.org/science-and-technology/oecd-principles-and-guidelines-for-access-to-research-data-from-public-funding_9789264034020-en-fr

2004年1月，经合组织科技政策委员会发布了《开放获取公共资助研究数据的宣言》，提出要建立公共资助研究数据的开放获取机制，制定透明的关于数据的作者权、拥有权、使用伦理及其他限制、知识产权保护、使用者责任等的说明规则，通过标准化提高数据的互操作性，研究搜集和传播数据的最佳方法与技术等来确保数据的真实性、原始性、完整性和安全性，利用最佳数据管理方法和专门服务来提高全球数据共享的效率等。同时要兼顾开放获取为科研创新带来的利益和保护合法权益所需要的限制间的平衡，在设计科研数据获取机制时应与国家的法律体系保持一致。澳、美、加、德、日、中等34个国家签署了该宣言。

2006年12月，OECD又颁布了《开放获取公共资助研究数据的原则和指南》，指出"公共资助的研究数据"是由政府机构研究获取的数据，或利用任何级别的政府资金资助的研究产生的数据。科学数据主要指用来作为科学研究主要来源的事实记录（数值分数、文字记录、图像和声音等）。实际上，科学数据开放获取涉及数据收集、处理、利用、保存和管理等一系列机制，是科技信息基础设施建设的组成部分。该文件就科学数据开放共享机制提出了13条原则，开启了国际组织科学数据开放共享标准规范的先例。

原文链接

# 6. 让开放科学成为现实

**英文全称**：Making Open Science a Reality

**发布时间**：2015年10月15日

**发布机构**：经济合作与发展组织（Organisation for Economic Co-operation and Development）

**网络链接**：https://www.oecd-ilibrary.org/science-and-technology/making-open-science-a-reality_5jrs2f963zs1-en

2015年10月15日，OECD发布报告《使开放科学成为现实》，报告的主旨包括网络和在线平台为研究项目、科技文献和大型数据集的组织和发布提供了新的机遇；信息通信技术使得大规模收集的数据和信息作为科学实验和研究的基础成为可能，使得科学越来越多地用数据驱动，在线存储使得高效获取和利用科研信息成为可能。这些都加速了科研人员和领域之间的知识转移，开辟了合作和新研究方法的新途径，推动了"开放科学"快速发展，开放科学也成为各国重点关注的政策领域。

报告强调科学本身不仅在努力"走向数字化"，而且"走向开放化"也是必然的发展趋势。报告提出研究人员、政府、研究资助机构或科学界通过数字格式的公开访问使公共资助的研究成果得以被社会获取的方式，主要包括开放获取、开放研究数据及开放协作。

报告总结了各国开放科学政策的特点：①目前实施的开放科学支持政策主要是制定强制性规则和促进开发开放科学基础设施；②支持开放科学的激励措施往往是对开放获取出版成本的资助，而对科研人员在开放获取和开放数据行动方面的补偿机制则很少；③制定适用于开放科学的法律框架也是一种支持方式，如德国2013年修订了国家版权法，允许公共资助的科研人员在将出版权转交给出版商的12个月之后，仍旧保留将其出版物在线发布的合法权利。

报告结论指出：①开放科学是一种科研方式而不是结果，其政策的最终目的是支持更高质量的科研，加强科研人员之间的合作，并强化科研与社会的联系；②相比较科技文献的开放获取，各国目前推动开放数据的政策不够完善；③开放科学政策应根据不同的政策环境，在遵循一定原则的基础上制定适应性的政策；④需要更好的激励机制来促进科研人员之间的数据共享；⑤科学界需进一步强化与数据相关的技能；⑥科研人员的培训和意识的培养对于开放科学文化的发展至关重要；⑦国际和国家层面都需要更加清晰的文献共享和数据重用立法；⑧相关政策需考虑对研究产出进行长期保存的成本。

原文链接

## 7. 开放科学：赋能数字时代的科学发现

**英文全称**：Open science-Enabling discovery in the digital age

**发布时间**：2021年7月20日

**发布机构**：经济合作与发展组织（Organisation for Economic Co-operation and Development）

**网络链接**：https://www.oecd-ilibrary.org/science-and-technology/open-science-enabling-discovery-in-the-digital-age_81a9dcf0-en

该文件是经合组织"走向数字化项目"（Going Digital ToolRit）的组成部分，该项目旨在为相关政策制定者提供所需素材，帮助其经济和社会在日益数字化和数据驱动的时代中获得快速发展的机会。

数据驱动的创新和数据密集型科学为解决一些重大社会问题带来了全新途径和希望。开放科学的相关倡议推动了出版物、数据、算法、软件和工作流程的开放获取发展进程，在这一过程中，相关科学研究和创新活动具有至关重要的作用。这份文件首先对开放科学相关概念给出了定义，之后概述了开放科学运动的发展历程，展示了开放科学取得的成就，包括在对抗2019年全球新冠疫情过程中的成绩，提出了实现开放科学过程中所面临的挑战，回顾了开放科学政策在一系列国家和经济体中的发展过程。该文件还提出了经合组织理事会关于从公共资金获取研究数据的 7 种模式：信任的数据治理；技术标准和规范；激励和奖励；责任、归属和管理；可持续的基础设施；人力资本；研究数据获取的国际合作。

原文链接

## 8. 面向 21 世纪的开放科学

**英文全称**：Open Science for the 21st Century

**发布时间**：2020 年 6 月

**发布机构**：国际科学理事会（International Science Council）

**网络链接**：https://council.science/wp-content/uploads/2020/06/International-Science-Council_Open-Science-for-the-21st-Century_Working-Paper-2020_compressed.pdf

这份报告是国际科学理事会对联合国教科文组织开放科学全球磋商的回应。它汇集了在国际科学理事会社区内开展的一系列工作，在此基础上起草形成一份工作草案，经审议后作为正式的国际科学理事会关于开放科学的立场文件。

该报告描述了现代开放科学运动的基本原理、起源、发展及其在各领域的应用情况。并建议科学家、大学、联合国教科文组织，以及其他科学相关机构，有必要开展相应的措施，以适应开放科学带来的变化。在相关章节的末尾，该报告介绍了国际科学理事会为支持开放科学各方面的发展所实施的项目和计划。

报告共由 9 个部分组成：开放科学促进全球公共利益；核心价值观：审视、怀疑和开放的沟通；开放科学新范式的出现；科学记录的开放获取；开放数据；参与式科学：向社会开放；开放科学的基础设施；全球包容；开放科学的局限性和障碍。

原文链接

## 9. 联合国教科文组织开放科学建议书

**英文全称**：UNESCO Recommendation on Open Science

**发布时间**：2021 年 11 月

**发布机构**：联合国教育、科学及文化组织

**网络链接**：https://www.unesco.org/en/articles/unesco-sets-ambitious-international-standards-open-science

2019 年，在联合国教科文组织（UNESCO）第 40 届大会上，193 个会员国决定由该组织牵头开展关于开放科学的磋商，制定一份关于开放科学的国际标准性文件。2020 年，该建议书初稿完成，在 2021 年 11 月 9—24 日联合国教科文组织大会第 41 届会议上正式发布。这标志着促进普遍获取科学知识和相关国际合作的工作又迈出了重要一步。

该建议书旨在为开放科学政策和实践提供一个国际框架，即承认关于开放科学的观点存在学科和地区差异，考虑到学术自由、促进性别平等变革的方法，以及不同国家特别是发展中国家的科学家和其他开放科学行为者所面临的具体挑战，并有助于缩小国家之间和国家内部存在的数字、技术和知识鸿沟。

在这份文件中，分别对科学、开放科学、开放式科学知识等名词给予了定义。其中，开放科学被定义为一个集各种运动和实践于一体的包容性架构，旨在实现人人皆可公开使用、获取和重复使用多种语言的科学知识，为了科学和社会的利益增进科学合作和信息共享，并向传统科学界以外的社会行为者开放科学知识的创造、评估和传播进程。相比于开放科学之前的定义，UNESCO更看重开放科学的功能、作用和参与者的体系化关系。

该建议书的内容涵盖出版物、数据、软件、教育资源和公众科学，强调应该让科学掌握在学术界和公民手中，并通过他们之间的合作来确保科学发展目标的确定能够摆脱货币化逻辑及其制约。

原文链接

# 10. 阿姆斯特丹开放科学行动倡议

**英文全称**：Amsterdam Call for Action on Open Science
**发布时间**：2016年4月

**发布机构**：阿姆斯特丹开放科学会议（Open Science - From Vision to Action）

**网络链接**：https://www.openaccess.nl/sites/www.openaccess.nl/files/documenten/amsterdam-call-for-action-on-open-science.pdf

欧盟理事会轮值主席国荷兰于 2016 年 4 月 4 日和 5 日在阿姆斯特丹组织的开放科学会议上起草了《阿姆斯特丹开放科学行动倡议》。荷兰政府认为，由公共资助产生的研究成果应该可以免费获得，2013 年制定的目标是到 2019 年 60% 的荷兰学术出版物实现开放获取，2024 年达到 100%。在这份倡议中，这一时间被提前，调整为 2020 年年底实现 100% 开放获取。

在该文件中，根据与会专家的意见及之前国际会议和报告的成果，制定了一项由多方参与的路线图，以实现 2020 年的 2 个重要泛欧洲目标，即对所有科学出版物完全开放获取；一种全新的研究数据优化再利用方法。

为了在 2020 年前实现上述 2 个目标，该宣言提出了相关政策建议：一是新的考核、奖励和评价制度。新评价体系需要能够真正处理知识创造的核心问题，并考虑到科学研究对科学和社会经济发展的影响，鼓励公民科学的发展。二是政策的一致性和实施层面的沟通协调。实践、活动和政策应当协调一致，方法和信息实现共享，有助于实现联合和协调行动。

原文链接

## 11. 开放科学和文献多样性朱西厄宣言

**英文全称**：Jussieu Call for Open Science and bibliodiversity
**发布时间**：2018 年 6 月 8 日
**发布机构**：阿姆斯特丹开放科学会议（Open Science - From Vision to Action）
**网络链接**：https://jussieucall.org/

朱西厄开放科学和文献多样性宣言（Jussieu Call for Open Science and bibliodiversity）是在 2017 年由法国巴黎朱西厄大学的科学家们发起的一项倡议，旨在呼吁学术界支持开放获取的同时，也要关注学术出版的多样性，即所谓的"文献多样性"（bibliodiversity）。

朱西厄大学的科学家们意识到，尽管开放获取运动取得了显著进展，但学术出版领域仍然被少数大型出版商主导，这对学术社区的多样性和独立性构成了威胁。因此，他们发起了这项宣言，呼吁学术界采取行动，支持多样化的出版模型，打破少数出版商的垄断地位。

该宣言是在数字科学图书馆（Bibliothèque scientifique numérique，BSN）的开放获取和公共科学出版工作组的支持下发布的，该宣言认为开放获取的发展正处于一个关键的转折点，需要新的策略和行动来推动其向前发展。其主要内容包括以下几点：提倡开放科学，并强调在追求开放科学目标的同时，应促进学术出版的多样性；鼓励发展并实施替代性出版模型，以支持开放科学的理念，并促进学术出版的多样性；特别指出需要推广新的商业模式来资助开放获取出版，这意味着寻找除了传统的订阅模式之外的其他资金来源，以支持开放获取出版物的生产。

这份呼吁反映了学术界对于开放科学和学术出版多样性的重视，以及对现有出版模式可能导致的集中化问题的担忧。它倡导采取多元化的策略，即鼓励和支持多种出版模式并存,避免单一的商业模式主导整个学术出版市场,促进开放科学的全面发展,并确保学术出版生态系统的健康和多样性。

该宣言声明:开放获取必须辅之以对科学出版者多样性的支持——称之为"书目多样性"——结束中间少数人的统治地位,避免其把他们的条件强加给科学界;创新科学出版模式的发展必须成为预算的优先事项,因为它代表了对满足数字时代研究人员真正需求的服务的投资;应该鼓励在写作实践(发布相关数据)、评审(开放的同行评议)、内容编辑服务(超越 pdf 的网络出版)和其他服务(文本挖掘)方面进行实验;要彻底改革科研评价体系,使之适应科学传播实践;应该对这些创新实践所基于的开源工具进行更多的投资和协调;科学界需要在不同国家建立一个安全稳定的法律体系,以促进文本挖掘服务的提供,从而加强其使用;科学界必须能够利用国家和国际基础设施,以保证知识的保存和流通,防止内容私有化,并且应该找到保持其长期连续性的商业模式;应该优先考虑不涉及任何付费的商业模式,既不让作者发表自己的文章,也不让读者访问它们,以及存在许多公平的资助模式,只是需要进一步发展和扩展,如机构支持、图书馆捐款或补贴、优质服务、参与式资助或创建开放档案等。

宣言呼吁建立一个由利益相关者组成的国际联盟,其主要目标应是汇集地方和国家的倡议,或建立一个运营框架,为开放获取出版、创新和成果共享提供资金。我们呼吁研究机构和它们的图书馆从现在起确保并拨出一部分采办预算,以支持真正开放和创新的科学出版活动的发展,并满足科学界的需求。

原文链接

## 12. OA2020 倡议

**英文全称**：OA2020 Initiative
**发布时间**：2016 年 3 月
**发布机构**：德国马普学会等机构
**网络链接**：https://oa2020.org/

2016 年 3 月，以德国马普学会等机构为主发起的"OA2020 倡议"，要求凡是科研机构订购了出版社期刊，该机构成员作为通讯作者在这些期刊上发表论文自动免费立即实现开放获取，由此将现有绝大部分学术期刊从订阅模式转换为开放出版。"OA2020 倡议"是全球高等教育机构、研究机构、科研资助机构、图书馆和出版商共同努力将传统订阅期刊模式转型为开放获取模式的重要举措。2017 年 10 月，中国科学院文献情报中心作为我国的首家机构，签署了大规模实现期刊论文开放获取的 OA2020 倡议意向书（Expression of Interest for OA2020 Initiative），着力解决全社会日益增长的创新需求与不平衡不充分的知识获取之间的突出矛盾。

"OA2020 倡议"作为一项全球倡议，对开放获取的发展有深远的影响。该倡议致力于通过建立科研机构之间的协作机制，将目前付费学术期刊转变为开放获取期刊，以此推动向学术期刊普遍开放获取的过渡。该倡议已经得到了越来越多的研究人员、图书馆、机构和组织的认可，并在此基础上建立了 OA2020 全球联盟，该联盟的工作内容是与主要学术出版商沟通，培育学术期刊开放获取商业模式，保护研究人员最大限度地享受各种出版服务，释放互联网和数字环境的全部潜力。OA2020 是迈向开放学术交流系统的便捷途径，在这个系统中，科研产出是开放而且可重复使用的，传播成本是透明的，经济上是可持续的。

根据《OA2020 进展报告》，截至 2020 年 9 月，全球 4600 多家机构签署了大规模实施学术期刊开放获取意向书,包括德国马普学会、弗朗霍夫协会、亥姆霍兹联合会、莱布尼茨科学联合会,加利福尼亚大学伯克利分校、旧金山分校、戴维斯分校,欧洲地球科学联盟、世界气象组织,德国、荷兰、西班牙等的科学基金会,欧洲大学联盟及德国、荷兰、意大利等的大学校长会议,德国、瑞士等的科学院,以及英国、芬兰、南非、日本、韩国等的图书馆联盟等。我国有中国国家科技图书文献中心(NSTL)、中国科学院国家科学图书馆等19个机构签署了意向书。

原文链接

## 13. 开放数据宪章

**英文全称**:G8 Open Data Charter and Technical Annex

**发布时间**:2013年6月

**发布机构**:八国集团首脑

**网络链接**:https://www.gov.uk/government/publications/open-data-charter/g8-open-data-charter-and-technical-annex

2013年6月,法国、美国、英国、德国、日本、意大利、加拿大、俄罗斯八国集团首脑在北爱尔兰峰会上签署了《开放数据宪章》(G8 Open Data Charter)及其技术附录(Technical Annex),标志着G8国家在开放数据政策上的共识，确立了开放数据的基本原则和实践路径。OGD 开启了开放政府数据的序幕。G8 宪章的理念也成为后续加入 OGD 行动的国家所共同遵守的原则与规范。

《开放数据宪章》包含 5 个主要原则：提高数据质量：确保政府数据的质量、可靠性和时效性；标准化和开放格式：采用国际标准，使数据易于被机器读取和处理；开放许可：使用开放许可协议，允许数据自由再利用；明确责任归属：清晰界定数据的所有权和使用权；建立机制：建立反馈和改进机制，以优化数据服务。

技术附录则是对宪章原则的具体落实，详细描述了实施开放数据所需的步骤和技术标准，包括数据目录、元数据标准、API 接口规范等。

签署《开放数据宪章》的国家承诺按照这些原则采取行动，包括制订开放数据行动计划，并定期审查和更新这些计划。此举有助于提高政府工作的透明度，促进创新和经济增长，并为公众提供更多便利。

原文链接

## 14. 科研数据北京宣言

**英文全称**：The Beijing Declaration on Research Data

**发布时间**：2019 年 11 月 8 日

**发布机构**：国际数据委员会（CODATA）

**网络链接**：https://codata.org/events/science-and-policy-workshops/codata-and-codata-china-high-level-international-meeting-on-open-research-data-policy-and-practice/the-beijing-declaration-on-research-data/

2019年11月8日，国际数据委员会（CODATA）在其官方网站正式发布《科研数据北京宣言》。该宣言是CODATA及其国际数据政策委员会于2019年9月召开的开放科学数据政策与实践国际研讨会的主要成果之一。会议由中国科学院计算机网络信息中心和国家科技基础条件平台中心联合承办。《科研数据北京宣言》肯定了世界各地已发布的数据政策和实施进展，并在此基础上阐明了推进相关领域多边合作的核心原则。

该宣言将公共科研数据开展多边合作的广泛社会意义总结为5大方面：国际社会需要围绕联合国近期发布的具有里程碑意义的协议，携手应对环境、健康、可持续发展等人类面临的共同挑战，这对多边和跨学科合作及广泛的数据重用提出了更高的要求；日益丰富的科研数据已成为解决复杂科学问题特别是实现可持续发展目标相关问题的关键要素及驱动力，全球科学界需要提升数据互操作和管理水平，以满足整合和重用数据的需求；技术的迅猛发展为数据规模增长、数据管理共享与重用带来了重大挑战与机遇；不断发展的标准规范和伦理制度对提升科研透明度和质量提出了新的要求，全球科学界需要提升数据重用水平，支持对科研结果的重复验证；开放科研数据是全球开放科学计划的必要组成，相关举措已覆盖到经济欠发达国家和地区，有必要通过广泛的合作使这些区域分享技术发展的红利，缩小科技领域的差距。

在此背景下，《科研数据北京宣言》共提出10条原则，其核心内容包括：数据管理能力建设和数据政策体系建设的必要性；科研数据全球公共产品的基本属性；全球数据同盟与开放数据的FAIR（可发现、可访问、可互操作、可重用）原则；公共经费资助产出的科研数据应尽可能在全球范围内共享重用；科研数据的互操作性；数据限制访问和重用的特例情况；数据版权及其他知识产权的国家立法保护与国际通用许可；数据管理计划制度；开放公共经费资助产出的科研数据和信息是缩小科学生产鸿沟的必要举措；关于宣言落地实施举措的建议等。

2018年3月，国务院办公厅正式颁布《科学数据管理办法》，为我国科研数据管理与共享树立"开放为常态，不开放为例外"的标杆，为我国开放科研数据活动奠定了基础。中国科学院也于2019年发布了《中国科学院科学数据管理与开放共享办法（试行）》，在实践层面推动了各项举措的落地实施。《科研数据北京宣言》以在北京召开的CODATA国际会议为契机，在全球范围内得以广泛传播，与国内的开放科研数据趋势相互呼应。

原文链接

## 15. 科学：无尽的前沿

**英文全称**：Science: the endless frontier
**发布时间**：1945年7月
**作者**：范内瓦·布什（Vannevar Bush）

1945年7月，在第二次世界大战即将结束之际，美国学者范内瓦·布什（Vannevar Bush），应时任总统罗斯福的要求，与多个领域的科学家进行沟通和讨论后，撰写了《科学：无尽的前沿》这一影响深远的研究报告（简称布什报告）。这篇报告的初衷是回应罗斯福提出的关于美国战后科技发展的4个问题，报告中提出把发展科学技术作为美国战后建设的一个核心任务，为战后美国科学技术的发展指明了方向，直接促成了国家科学基金会的创立，公共资助的科学研究在全世界范围内逐渐发展成为主流。

该报告无论对于美国科技的发展，还是对于第二次世界大战后全世界的空间发展，都具有里程碑式的意义，有人甚至把它比作科技政策的"圣经"。2020年5月21日，4位美国议员联合提交《无尽的前沿法案》（Endless Frontier Act），提出采取新的措施使美国到21世纪中叶仍然保持世界头号科学技术强国的位置。布什报告中对于提供科学的开放度也进行了探讨，因此对于开放科学的发展也具有重要意义。

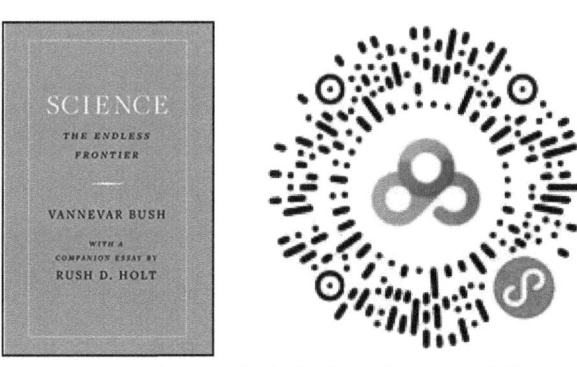

《科学：无尽的前沿》英文版封面及原文链接

## 16. LIBER 开放科学路线图

**英文全称**：LIBER Open Science Roadmap

**发布时间**：2018年7月

**发布机构**：欧洲研究图书馆协会（LIBER）

**网络链接**：https://libereurope.eu/wp-content/uploads/2020/09/LIBER_OSR_A5-ONLINE-HR-1.pdf

2017年，欧洲研究图书馆协会（Ligue des Bibliothèques Européennes de Recherche，LIBER）发布《2018—2022 LIBER发展战略：研究型图书馆在数字化时代推动知识可持续发展》，2018年7月，又发布《LIBER开放科学路线图》（以下简称《路线图》），详细叙述了开放科学背景下图书馆职责及未来发展，包括系统性规划及可操作性的内容等。《路线图》指出图书馆在开放科学开展过程中发挥着积极的作用，应参与政策规划、服务支持、资源管理、学术发表、学术评估、成果再利用等整个开放科学过程，还针对开放科学在学术发表、FAIR数据、研究基础设施、评估与奖励、开放科学素养、科研诚信、公民科学7大核心领域所面临的机遇和挑战作了分析和介绍，并给出了行动建议。《路线图》认为图书馆应成为开放科学的倡导者和支持者，并通过合作伙伴关系扩大相关行动的影响，为欧洲研究型图书馆实施开放科学计划提供了行动指导，是"2018—2022 LIBER发展战略"在开放科学布局的细化和延伸。

《路线图》给出的开放科学的3大核心标准是透明度、可持续性和协作性。"透明度"是开放科学的基础，无论是科学研究活动的信息，还是出版费用信息、开放式同行评议及开放度量体系，都应该尽可能保证透明度，以便让更多的研究人员了解和加入开放科学的行列。图书馆可以利用自身的信息平台优势和技术培训经验，在许可信息共享、开放获取推广、下一代衡量指标体系培训、研究人员开放式学术发表指导等方面发挥积极作用。"可持续性"包括研究产出、基础设施和资金投入3个层面，其中，在基础设施的可持续性方面，图书馆可以发挥自身所长，提供标准化元数据服务，包括持久性标识符和长期存储方案等。"协作性"对于开放科学来说尤为重要，因为开放科学是一项全球范围内的跨国界、跨行业、跨学科的革命性创举，涉及研究机构、出版机构及信息服务机构等多方面的参与和合作。图书馆在开放科学社区中处于信息枢纽地位，应该积极参与开放科学标准的制定，开发开放科学的相关工具和服务，并分享开放科学的最佳实践和案例，以此促进开放科学的合作与发展。《路线图》提出的"透明度"这一标准与杜克大学的 Kevin Smith J.D. 及圣母大学的 Dan Gezelter 等强调的"透明化"是一致的,而"协作性"这一标准与德雷塞尔大学的 Jean-Claude Bradley 提出的"消除数据的访问和发表论文的获取壁垒"也是相通的。可见,开放科学虽然还没有形成统一的定义,但是已经在行业内积累了广泛的共识,而这些共识正是建立广泛合作关系的基础。

《路线图》指出,图书馆要在开放科学中发挥积极作用,支持开放科学的整个研究过程。首先,图书馆要承担起研究数据管理和为研究人员提供支持的重任。在策略规划上,要积极制订数据管理计划,开发FAIR数据管理工具,并协助制定研究人员个人身份识别(如ORCID和ISNI)管理办法;在信息支持上,图书馆应力求为研究人员提供与开放科学相关问题的一站式服务,并通过门户网站和数据库提供信息访问支持;在数据管理上,要确保研究成果具有互操作性,并通过提供管理数据集及编程语言的培训为高效能的计算机运作提供支持。其次,图书馆要勇于担当开放出版和开放获取的先锋。在学术发表方面,积极提供开放出版相关培训,鼓励研究人员使用机构知识库等方式进行开放出版;在学术评估方面,参与下一代评估指标体系的建设与推广,努力提升新的开放评估体系的采用度;在成果再利用方面,图书馆可以通过版权、合同管理及创作共用授权等途径促进研究成果的再利用。在开放科学环境下,图书馆不再只是信息资源的采购者和访问渠道的提供者,而是开放环境的营造者、研究过程的参与者、开放出版与开放获取的推广者和开放科学可持续发展的维护者。

原文链接

# 17. 中华人民共和国数据安全法

**发布时间**：2021 年 6 月 10 日
**会议通过**：第十三届全国人民代表大会常务委员会第二十九次会议
**网络链接**：https://www.gov.cn/xinwen/2021-06/11/content_5616919.htm

《中华人民共和国数据安全法》（以下简称《数据安全法》）共七章五十五条，分别是总则、数据安全与发展、数据安全制度、数据安全保护义务、政务数据安全与开放、法律责任和附则。《数据安全法》的颁布实施对于规范数据处理活动，保障数据安全，促进数据开发利用，保护个人、组织的合法权益，维护国家主权、安全和发展利益，具有重要的作用和意义。

《数据安全法》是一部数据安全领域基础性、框架性的法律，为后续各类数据领域配套制度、规范及标准的制定提供了依据。《数据安全法》首先阐明了数据安全与发展的关系，强调"坚持以数据开发利用和产业发展促进数据安全，以数据安全保障数据开发利用和产业发展"，同时明确了同步促进数据开发利用、数据安全的技术研究与应用、标准化及教育培训的措施，建立健全了数据交易管理制度，要求规范数据交易行为，培育数据交易市场。

《数据安全法》明确了数据分类分级与核心数据保护制度、数据安全风险评估与工作协调机制、数据安全应急处置机制、数据安全审查制度、数据出口管制制度、歧视反制制度等 6 项数据安全制度，规定了数据处理者的安全义务、数据交易中介服务机构义务、有关组织和个人的数据支持义务、跨境司法或执法机构数据提供审批义务等 4 类数据安全义务。

《数据安全法》就政务数据安全与开放做出了相应规定，具体包括政务数据安全要求、外包政务系统数据安全要求、政务数据开放要求。另外，

《数据安全法》还对数据处理者与数据交易中介服务机构不履行数据安全义务及数据安全监管履职国家工作人员滥权舞弊、违法获取或滥用数据等行为做出了相应的处罚规定。

《数据安全法》的出台是对当前数据安全内外部形势的积极回应，是护航数字经济发展的重要举措，开创了新时代数据安全治理的新局面。当下，面对大数据的洪流，数据安全问题如何应对，国家数据安全制度怎样布局，不仅关涉国家安全、公共安全、个人安全，也关系着我国在全球新一轮信息技术变革中如何实现从跟跑、并跑到领跑的转变。

原文链接

## 18. 国家科技资源共享服务平台管理办法

**发布时间**：2018年2月13日

**发布机构**：科技部、财政部

**网络链接**：https://www.most.gov.cn/xxgk/xinxifenlei/fdzdgknr/fgzc/gfxwj/gfxwj2018/201802/t20180224_138207.html

《科技部　财政部关于印发〈国家科技资源共享服务平台管理办法〉的通知》（国科发基〔2018〕48号）（以下简称《办法》）由科技部、财政部于2018年2月13日印发，自发布之日起实施。《办法》共六章三十六条，对国家科技资源共享服务平台的定位、职能、依托单位、条件要求等方面做出了明确的规定，为包括国家科学数据中心在内的各级管理机构制定了标准规范。

《办法》第五条规定："利用财政性资金形成的科技资源，除保密要求和特殊规定外，必须面向社会开放共享。鼓励社会资本投入形成的科技资源通过国家平台面向社会开放共享。"这对于我国开放科学的发展具有里程碑意义。

国家科技资源共享服务平台的依托单位应选择有条件的科研院所、高等院校等，作为国家平台建设和运行的责任主体，其主要职责是制定国家平台的规章制度和相关标准规范；编制国家平台的年度工作方案并组织实施；负责国家平台的科技资源整合、更新、整理和保存，确保资源质量；负责国家平台的在线服务系统建设和运行，开展科技资源共享服务，做好服务记录；负责国家平台的建设、运行与管理并提供支撑保障，根据需要配备软硬件设施和专职人员队伍；配合完成相关部门组织的评价考核，接受社会监督；按规定管理和使用国家平台的中央财政经费，保证经费的单独核算、专款专用。

国家科技资源共享服务平台应具备的条件：依托单位拥有较大体量的科技资源或特色资源，建立了符合资源特点的标准规范、质量控制体系和资源整合模式，在本专业领域或区域范围内具有一定影响力，具备较强的科技资源整合能力；纳入共享网并公布科技资源目录及相关服务信息，且发布的科技资源均按照国家标准进行标识；已按照相关标准建成科技资源在线服务系统，并与共享网实现有效对接和互联互通，资源信息合格，更新及时；具备资源保存和共享服务所需要的软硬件条件，具有稳定的专职队伍，具有保障运行服务的组织机构、管理制度和共享服务机制；建立了符合资源特点的服务模式并取得良好服务成效。

国家科技资源共享服务平台的主要任务：围绕国家战略需求持续开展重要科技资源的收集、整理、保存工作；承接科技计划项目实施所形成的科技资源的汇交、整理和保存任务；开展科技资源的社会共享，面向各类科技创新活动提供公共服务，开展科学普及，根据创新需求整合资源开展定制服务；建设和维护在线服务系统，开展科技资源管理与共享服务应用技术研究；开展资源国际交流合作，参加相关国际学术组织，维护国家利益与安全。

原文链接

## 19. 科学数据管理办法

**发布时间**：2018年3月17日

**发布机构**：国务院办公厅

**网络链接**：https://www.gov.cn/gongbao/content/2018/content_5283177.htm

经中央全面深化改革领导小组2018年1月审议通过，2018年3月，国务院办公厅正式发布《科学数据管理办法》，进一步加强和规范科学数据管理，保障科学数据安全，提高开放共享水平，指出数据开放将是受政府预算资金资助研究项目的基本原则。这些政策都涉及科研体系不同程度的开放。

《科学数据管理办法》强调提高科学数据的共享开放水平，以保障国家科技创新、社会经济发展及国家安全。《科学数据管理办法》是首个国家层面的科学数据管理办法，为我国的科学数据工作确定了行动纲领，开创了我国科学数据管理的新局面。《科学数据管理办法》指出：政府预算资金资助形成的科学数据应当按照开放为常态、不开放为例外的原则，由主管部门组织编制科学数据资源目录，有关目录和数据应及时接入国家数据共享交换平台，面向社会和相关部门开放共享，畅通科学数据军民共享渠道。

原文链接

## 20. 国家重大科研基础设施和大型科研仪器开放共享管理办法

**发布时间**：2017 年 9 月 20 日

**发布机构**：科技部、国家发展改革委、财政部

**网络链接**：https://www.gov.cn/gongbao/content/2018/content_5257406.htm

为落实《国务院关于国家重大科研基础设施和大型科研仪器向社会开放的意见》（国发〔2014〕70 号），推动国家重大科研基础设施和大型科研仪器的开放共享，科技部、国家发展改革委、财政部三部门共同研究制定了《国家重大科研基础设施和大型科研仪器开放共享管理办法》，并于 2017 年 9 月 20 日正式印发。

《国家重大科研基础设施和大型科研仪器开放共享管理办法》制定的总体思路是以国家网络管理平台为依托，以解决开放共享工作中的问题为目标，以优化资源配置、完善管理机制、提高科研仪器与设施的使用效率为重点，全面贯彻落实《国务院关于国家重大科研基础设施和大型科研仪器向社会开放的意见》关于国家重大科研基础设施和大型科研仪器开放共享的要求。

《国家重大科研基础设施和大型科研仪器开放共享管理办法》共有5章，包括总则、管理职责、开放共享、考核和奖惩、附则，明确了纳入开放共享的国家重大科研基础设施和大型科研仪器的范围及科技部、财政部、国务院有关部委、地方政府、管理单位在开放共享工作中的职责，同时，对管理单位的制度建设、队伍建设、服务收费及知识产权等方面作了要求，并规定了评价考核工作的原则、考核方式、考核流程及考核结果的用途，建立了后补助机制，制定了惩罚措施。

《国家重大科研基础设施和大型科研仪器开放共享管理办法》适用于中央级的研究开发机构、高等院校及其他机构，有关部门按照本办法结合实际制定或修订相关管理规定和实施细则，地方可参照本办法执行。

《国家重大科研基础设施和大型科研仪器开放共享管理办法》的制定与出台，有利于明确开放共享工作中管理部门和单位的责任，理顺开放运行的管理机制，推动国家重大科研基础设施和大型科研仪器的开放共享，提高科研基础设施与仪器的使用效率，充分释放服务潜能。

原文链接

## 21. 关于构建数据基础制度更好发挥数据要素作用的意见

发布时间：2022 年 12 月 19 日

发布机构：中共中央、国务院

网络链接：https://www.gov.cn/zhengce/2022-12/19/content_5732695.htm

2022 年 6 月 22 日下午，中共中央总书记、国家主席、中央军委主席、中央全面深化改革委员会主任习近平主持召开中央全面深化改革委员会第二十六次会议，审议通过《关于构建数据基础制度更好发挥数据要素作用的意见》。2022 年 12 月 19 日，《中共中央 国务院关于构建数据基础制度更好发挥数据要素作用的意见》对外发布。

《关于构建数据基础制度更好发挥数据要素作用的意见》（以下简称《数据二十条》）的主旨是构建数据基础制度，保障数据要素的安全和发展，从 4 个方面提出了具体要求。一是建立保障权益、合规使用的数据产权制度。要探索数据产权结构性分置制度，推进实施公共数据确权授权机制，推动建立企业数据确权授权机制，建立健全个人信息数据确权授权机制，建立健全数据要素各参与方合法权益保护制度。二是建立合规高效、场内外结合的数据要素流通和交易制度。要完善数据全流程合规与监管规则体系，统筹构建规范高效的数据交易场所，培育数据要素流通和交易服务生态，构建数据安全合规有序跨境流通机制。三是建立体现效率、促进公平的数据要素收益分配制度。要健全数据要素由市场评价贡献、按贡献决定报酬机制，更好发挥政府在数据要素收益分配中的引导调节作用。四是建立安全可控、弹性包容的数据要素治理制度。要创新政府数据治理机制，压实企业的数据治理责任，充分发挥社会力量多方参与的协同治理作用。

《数据二十条》强调，要加快推进数据管理能力成熟度国家标准及数据要素管理规范贯彻执行工作，推动各部门各行业完善元数据管理、数脱敏、数据质量、价值评估等标准体系。

数据基础制度建设事关国家发展和安全大局,要维护国家数据安全,保护个人信息和商业秘密,促进数据高效流通使用、赋能实体经济,统筹推进数据产权、流通交易、收益分配、安全治理,加快构建数据基础制度体系。《数据二十条》的发布,为我们加快构建数据基础制度体系,进一步释放数据要素价值,激活数据要素潜能指明了方向。

原文链接

## 22. 科学技术研究档案管理规定

**发布时间:** 2020年9月11日

**发布机构:** 国家档案局、科技部

**网络链接:** https://www.gov.cn/gongbao/content/2020/content_5565834.htm

1987年,国家科学技术委员会、国家档案局联合发布了《科学技术研究档案管理暂行规定》(国档发〔1987〕6号)。但随着近年来我国创新驱动发展战略的实施和科技体制改革步伐的不断加快,《科学技术研究档案管理暂行规定》中的部分内容已不能适应当前科研档案工作发展需要,要求修订的呼声也日益高涨。2017年,国家档案局、科技部正式启动修订工作,经实地调研、座谈讨论、文稿修改、公开征求意见等环节,历时3年,最终形成《科学技术研究档案管理规定》。

《科学技术研究档案管理规定》的修订从促进国家科技创新能力的需求出发，着眼于解决当前科研档案工作存在的问题，是国家档案局、科技部全面贯彻落实习近平新时代中国特色社会主义思想和党中央、国务院对档案工作、科技工作的部署，落实科技体制改革和新档案法的有关要求，全面加强科研档案工作的一项重大举措。

修订后的《科学技术研究档案管理规定》全文共 28 条，涵盖了新形势下科研档案管理工作的原则、管理职责、科研文件材料的形成和归档、科研档案的管理和利用等多个方面。与《科学技术研究档案管理暂行规定》相比，本次修订内容体现在以下 7 个方面：一是完善了科研档案的定义；二是进一步明确了科研档案管理责任；三是丰富了科研文件材料的归档内容；四是增加了科研电子档案的管理要求；五是对跨学科、跨领域、跨机构开展研究的科研项目的档案管理提出了要求；六是优化了科研档案验收制度；七是鼓励科研档案信息的共享利用。

随着我国科技创新不断加速，科研档案数量激增，档案内容越发丰富，科研档案工作也面临着更复杂的环境和新的更高的要求，提升档案工作服务科研活动能力是档案工作围绕中心、服务大局的重要体现，对促进科技创新具有重要意义。一是有利于科研档案与科学数据的协同管理，通过促进科研档案的共享利用，进一步推动科学数据的规范管理和共享利用。二是有利于加强科研诚信体系建设，对违背科研诚信要求的行为进行公平公正地调查处理等具有重要的推动作用。三是实行科研电子文件电子单套制归档和科研电子档案的电子单套制管理，有利于减轻科研人员负担。

原文链接